존 벤이 들려주는 벤 다이어그램 이야기

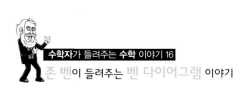

수학자가 들려주는 수학 이야기 16

존 벤이 들려주는 벤 다이어그램 이야기

ⓒ 전병기, 2008

초판　1쇄 발행일 | 2008년 4월 23일
초판 23쇄 발행일 | 2021년 7월 6일

지은이 | 전병기
펴낸이 | 정은영
펴낸곳 | (주)자음과모음

출판등록 | 2001년 11월 28일 제2001-000259호
주소 | 04047 서울시 마포구 양화로6길 49
전화 | 편집부 (02)324-2347, 경영지원부 (02)325-6047
팩스 | 편집부 (02)324-2348, 경영지원부 (02)2648-1311
e-mail | jamoteen@jamobook.com

ISBN 978-89-544-1555-2　(04410)

존 벤이 들려주는

벤 다이어그램 이야기

| 전 병 기 지음 |

㈜자음과모음

수학자라는 거인의 어깨 위에서
보다 멀리, 보다 넓게 바라보는 수학의 세계!

　　수학 교과서는 대개 '결과' 로서의 수학을 연역적으로 제시하는 경향
이 강하기 때문에 학생들은 수학이 끊임없이 진화해 왔다는 생각을 하
기 어렵습니다. 그렇지만 수학의 역사는 하나의 문제가 등장하고 그에
대해 많은 수학자들이 고심하고 이를 해결하는 가운데 새로운 아이디어
가 출현해 온 역동적인 과정입니다.

　　〈수학자가 들려주는 수학 이야기〉는 수학 주제들의 발생 과정을 수학
자들의 목소리를 통해 친근하게 이야기 형식으로 들려주기 때문에 학생
들이 수학을 '과거완료형' 이 아닌 '현재진행형' 으로 인식하는 데 도움
이 될 것입니다.

　　학생들이 수학을 어려워하는 요인 중의 하나는 '추상성' 이 강한 수학
적 사고의 특성과 '구체성' 을 선호하는 학생의 사고의 특성 사이의 괴리
입니다. 이런 괴리를 줄이기 위해서 수학의 추상성을 희석시키고 수학
개념과 원리의 설명에 구체성을 부여하는 것이 필요한데, 〈수학자가 들
려주는 수학 이야기〉는 수학 교과서의 내용을 생동감 있게 재구성함으
로써 추상적인 수학을 구체성을 갖는 수학으로 변모시키고 있습니다.
또한 중간중간에 곁들여진 수학자들의 에피소드는 자칫 무료해지기 쉬
운 수학 공부에 있어 윤활유 역할을 할 수 있을 것입니다.

〈수학자가 들려주는 수학 이야기〉의 구성을 보면 우선 수학자의 업적을 개략적으로 소개하고, 6~9개의 강의를 통해 수학 내적 세계와 외적 세계, 교실 안과 밖을 넘나들며 수학 개념과 원리들을 소개한 후 마지막으로 강의에서 다룬 내용들을 정리합니다. 이런 책의 흐름을 따라 읽다 보면 각 시리즈가 다루고 있는 주제에 대한 전체적이고 통합적인 이해가 가능하도록 구성되어 있습니다.

〈수학자가 들려주는 수학 이야기〉는 학교 수학 교과 과정과 긴밀하게 맞물려 있으며, 전체 시리즈를 통해 학교 수학의 많은 내용들을 다룹니다. 예를 들어 《라이프니츠가 들려주는 기수법 이야기》는 수가 만들어진 배경, 원시적인 기수법에서 위치적 기수법으로의 발전 과정, 0의 출현, 라이프니츠의 이진법에 이르기까지를 다루고 있는데, 이는 중학교 1학년의 기수법의 내용을 충실히 반영합니다. 따라서 〈수학자가 들려주는 수학 이야기〉를 학교 수학 공부와 병행하면서 읽는다면 교과서 내용의 소화 흡수를 도울 수 있는 효소 역할을 할 수 있을 것입니다.

뉴턴이 'On the shoulders of giants' 라는 표현을 썼던 것처럼, 수학자라는 거인의 어깨 위에서는 보다 멀리, 넓게 바라볼 수 있습니다. 학생들이 〈수학자가 들려주는 수학 이야기〉를 읽으면서 각 수학자들의 어깨 위에서 보다 수월하게 수학의 세계를 내다보는 기회를 갖기 바랍니다.

홍익대학교 수학교육과 교수 | 《수학 콘서트》 저자 박 경 미

더 이상 교과서에만 머무르기 싫다!
새로운 영역 확장에 도전하는 '벤 다이어그램' 이야기

여러분, 안녕하세요?

여러분들에게 존 벤과 그가 이룬 수학적 업적에 대해 소개할 수 있는 책을 쓰게 되어 정말 기쁘고 감사하게 생각합니다.

벤 다이어그램은 수학 시간에 집합 단원을 공부하면서 맨 처음 만날 수 있는 친숙한 용어인 동시에 집합 단원의 문제 풀이에 아주 많이 쓰이고 있는 매우 친숙한 용어죠. 또한 활용 방법이 간단하여 벤 다이어그램의 수학적 엄밀성에 대한 별다른 생각 없이 몇 개의 원을 그리는 것만으로 이를 활용하는 데 아무런 문제점을 느끼지 못하고 사용하고 있습니다.

벤 다이어그램은 어쩌면 지금까지 순수 수학의 변방에 위치하고 있었다고 말할 수 있습니다. 나름대로 수학적 영역을 넓혀 가면서 심오한 이론으로 발전해 온 것이 아니라 그동안 집합론, 확률론, 통계학 등의 분야에 보조적으로 사용되어 왔다고 볼 수 있겠죠.

그러나 오늘날에 이르러 논리 회로의 설계 등에 대한 활용 및 자체적인 영역의 확장을 통해 현대 수학의 새로운 개념과의 접점이 확인되고 있고, 순수 수학 분야 이외의 다양한 분야에서의 쓰임새 증가 등으로 그 중요성이 한층 더 높아지고 있는 영역이라고 볼 수 있습니다.

이 책에서 소개하는 벤 다이어그램 이야기는 독자들에게 학교 수학과 연계된 내용을 포함하여 벤 다이어그램의 수학적 필요충분조건에 대한 자세한 이론적 바탕을 제공함으로써 벤 다이어그램에 대한 정확한 지식을 전달해 줄 수 있을 것으로 생각됩니다.

이 책은 소설책을 읽듯이 쉽게 읽을 수 있는 책은 분명 아닐 것입니다. 그러나 보다 창의적인 학문적 즐거움을 얻고자 하는 독자들의 바람에 조금이나마 부응할 수 있으리라는 생각을 가지며 이 책을 처음부터 끝까지 정독해 보기를 권해 드립니다.

그리고 마지막 일곱 번째 이야기를 읽으면서 여러분들이 직접 벤 다이어그램을 작도해 본다면 자신도 모르는 사이에 수학적 흥미 유발과 창의적인 사고 능력의 향상에 많은 도움이 될 것입니다.

인내심을 가지고 이 책을 끝까지 읽기를 진심으로 기원하며 이 책이 출간될 수 있도록 애를 써 주신 출판 관계자 여러분들께 무한한 감사를 드립니다.

2008년 4월 전 병 기

차례

추천사 · **04**

책머리에 · **06**

길라잡이 · **10**

존 벤을 소개합니다 · **20**

첫 번째 수업
교실에서 만나는 벤 다이어그램 · **27**

2 두 번째 수업
벤 다이어그램과 친해져 봅시다 · **53**

3 세 번째 수업
벤 다이어그램의 유래를 알아봅시다 · **73**

4 네 번째 수업
벤 다이어그램의 쓰임새를 알아봅시다 · **95**

5 다섯 번째 수업
벤 다이어그램의 작도 원리를 알아봅시다 · **115**

6 여섯 번째 수업
벤 다이어그램에는 여러 가지가 있답니다 · **137**

7 일곱 번째 수업
벤 다이어그램의 일반적인 작도법을 배워 봅시다 · **181**

부록
7중 회전대칭 벤 다이어그램을 위한 네크리스 다이어그램 · **201**

1 이 책은 달라요

현대 수학의 여러 분야들 중에서 집합론, 확률론, 통계학, 논리학 등의 분야에 벤 다이어그램이 널리 쓰이고 있답니다. 비단 수학 분야뿐만 아니라 경제학, 정치학 등 사회 전반에 걸쳐서 각종 보고서나 프레젠테이션 등에 아주 광범위하게 쓰이고 있는 것을 볼 수 있지요.

학교의 7차 국민공통기본교육과정 수학 7-가, 10-가의 단원에서도 집합 단원의 문제에 대한 직관적인 이해와 증명에 벤 다이어그램이 많이 활용되고 있습니다. 그러나 대부분의 경우에 있어서 수학적 원리에 대한 충분한 이해 없이 벤 다이어그램이 활용되고 있는 것이 현실입니다.

이 책은 영국의 유명한 학자였던 존 벤이 시공을 초월하여 우리 학교에 친절한 수학 선생님으로 근무하는 상황을 가정하고 이야기를 풀어 나갑니다. 벤 다이어그램의 원리와 활용에 관한 일곱 가지 이야기를 학생들에게 들려줌으로써 학생들의 궁금증을 풀어 주고, 벤 다이어그램의 작도에 관한 정확한 지식을 전달하며, 벤 다이어그램의 확장을 통한 실생활에서의 활용 능력을 향상시켜 줄 것입니다.

인내심을 가지고 이 책을 끝까지 읽고 나면 여러분들의 창의적인 수학적 힘이 부쩍 늘어나 있는 것을 발견하게 될 거예요.

2 이런 점이 좋아요

1 학교 수학 속에서 활용되고 있는 벤 다이어그램에 대한 친밀감을 증진 시키고, 벤 다이어그램을 이용하여 집합의 연산법칙과 연산 과정을 직관적으로 쉽게 증명해 봄으로써 수학에 흥미와 자신감을 불러일으킬 수 있습니다.

2 지금까지 작도된 세계적으로 유명한 벤 다이어그램들에 대한 이야기를 읽음으로써 수학에 대한 미적인 아름다움을 느낄 수 있으며, 독립된 수학 영역의 한 분야로서 벤 다이어그램을 인식하는 계기가 될 수 있습니다.

3 대칭형 벤 다이어그램을 이해할 수 있으며 일반적인 작도법을 익힘으로써 벤 다이어그램에 대한 완전한 수학적 지식을 갖출 수 있습니다.

3 교과 과정과의 연계

구분	단계	단원	연계되는 수학적 개념과 내용
중학교	7-가	집합	집합과 원소의 개념, 포함 관계
고등학교	10-가	집합의 연산 명제와 조건	집합의 연산법칙, 부분집합과 집합의 상등, 명제의 진리집합, 합성명제

4 수업 소개

첫 번째 수업 _ 교실에서 만나는 벤 다이어그램

집합의 개념에 대한 이야기를 중심으로 우리들이 수업 중에 만날 수 있는 친근한 벤 다이어그램의 쓰임새에 대해 알아보는 시간입니다.

- 선수 학습 : 집합의 의미와 구성 요소에 대한 개념 정립
- 공부 방법 : 집합과 집합 사이의 관계를 직관적이고 효율적으로 이해할 수 있는 수단으로 벤 다이어그램이 많이 활용되고 있습니다. 따라서 벤 다이어그램에 대한 공부에 앞서서 집합과 그 구성 요소에 대한 정확한 개념 정립이 필요하답니다.

첫 번째 수업 시간에는 집합과 원소, 부분집합, 그리고 집합 간의 합

과 교차 관계에 대한 벤 다이어그램 표현의 이해에 중점을 두고 책을 읽어 나가기 바랍니다. 교과서와 연관되어 있고 어렵지 않은 내용이기 때문에 책을 읽어 나가면서 서서히 흥미를 느낄 수 있을 것입니다.

- 관련 교과 단원 및 내용
  - 7-가 : 집합의 표현 방식과 모든 부분집합을 구하는 방법을 알 수 있습니다.
  - 10-가 : 부분집합과 집합의 상등, 합집합, 교집합, 여집합 등을 벤 다이어그램을 이용하여 표현할 수 있습니다.

두 번째 수업 _ 벤 다이어그램과 친해져 봅시다

수학 이야기라는 특성 때문에 자칫 지루해지거나 흥미를 잃기가 쉽습니다. 그러나 이번 이야기는 우리에게 친숙한 벤 다이어그램을 활용한 집합의 연산법칙에 대한 강의이기 때문에 부담 없이 읽을 수 있을 것입니다.

- 선수 학습 : 집합의 연산법칙, 드모르간의 법칙
- 공부 방법 : 합집합, 교집합에 있어서 교환법칙, 결합법칙, 분배법칙 등의 연산법칙이 성립함을 벤 다이어그램을 통해 직관적으로 확인합니다. 그리고 집합의 개수가 4개인 경우에 대한 결합법칙의 증명에 벤 다이어그램을 처음으로 활용함으로써 집합의 개수가 늘어남에 따른 벤 다이어그램의 확장에 관심을 가지면서 공부할 수 있도록 합니다.

- 관련 교과 단원 및 내용
  - 7-가 : 벤 다이어그램을 이용하여 집합의 연산법칙이 성립함을 직관적으로 확인할 수 있습니다.
  - 10-가 : 드모르간의 법칙의 성립에 대한 벤 다이어그램을 이용한 직관적 증명 방법을 습득할 수 있습니다.

세 번째 수업 _ 벤 다이어그램의 유래를 알아봅시다

벤 다이어그램 이전에 논리의 표현에 사용되던 오일러 다이어그램에 대한 이야기와 더불어 벤 다이어그램의 유래를 알아보고, 벤 다이어그램의 분할 영역이 늘어나는 규칙에 대해 살펴봅니다.

- 선수 학습 : 명제를 이용한 논리의 표현
- 공부 방법 : 논리의 표현에 다이어그램이 사용된 역사를 알고 오일러 다이어그램과 벤 다이어그램의 차이점 및 분할 영역의 개수가 늘어나는 규칙에 주목하여 책을 읽도록 합니다.
- 관련 교과 단원 및 내용
  - 7-가 : 벤 다이어그램의 분할 영역이 늘어나는 규칙을 알 수 있습니다.
  - 10-가 : 명제를 집합으로 나타낼 수 있음을 알 수 있습니다.

네 번째 수업 _ 벤 다이어그램의 쓰임새를 알아봅시다

우리의 생활 속에서 벤 다이어그램이 쓰이고 있는 사례를 중심으로 벤 다이어그램의 쓰임새를 알아보고, 벤 다이어그램에 대한 흥미를 느낄 수 있는 시간을 가져 보도록 합니다.

- 선수 학습 : 합집합, 교집합, 논리곱, 논리합, 논리부정
- 공부 방법 : 각종 보고서 작성, 명제의 증명, 확률의 계산, 논리 회로의 설계 등에 이용되고 있는 벤 다이어그램의 쓰임새를 알아보고 좀 더 많은 분야에 대한 쓰임새를 탐구해 보는 시간이 될 수 있도록 다양한 영역에 대한 벤 다이어그램의 적용 방법을 생각하면서 읽어 보도록 하세요.
- 관련 교과 단원 및 내용
  - 7-가 : 합집합, 교집합, 여집합 등이 포함된 집합 문제 풀이에 벤 다이어그램을 활용하면 쉽게 문제를 해결할 수 있습니다.
  - 10-가 : 합성명제, 확률 계산, 논리 회로 설계의 타당성 확인 등에 대한 벤 다이어그램의 활용 방법을 알 수 있습니다.

다섯 번째 수업 _ 벤 다이어그램의 작도 원리를 알아봅시다

벤 다이어그램의 각 분할 영역이 가지는 의미를 알아보고 집합의 개수가 늘어남에 따른 분할 영역의 증가 규칙에 대해 알아봅니다. 벤 다이어그램의 각 분할 영역은 고유한 것이기 때문에 수학적 엄밀성을 가져야 하며, 그러한 조건을 충족할 수 있는 작도의 기본 원리에 대해 알아보는

시간이 될 것입니다.

- 선수 학습 : 벤 다이어그램의 각 분할 영역이 가지는 수학적 의미
- 공부 방법 : 벤 다이어그램의 각 분할 영역의 개수는 조합 공식을 이 용하여 정확하게 구할 수 있습니다. 순열과 조합의 의미를 구분할 수 있도록 주의 깊게 책을 읽고, 조합 공식을 이용하여 구한 각 경우 의 분할 영역 개수의 합이 2^n이 됨을 확인하도록 하세요.
- 관련 교과 단원 및 내용
  - 7-가 : 집합의 개수가 3개 이상인 벤 다이어그램을 그릴 수 있습 니다.
  - 10-가 : 벤 다이어그램의 각 분할 영역의 의미, 순열과 조합에 대한 정확한 개념을 정립하고 벤 다이어그램의 작도 원리에 맞는 분할 선을 그을 수 있습니다.

여섯 번째 수업 _ 벤 다이어그램에는 여러 가지가 있답니다

존 벤이 그린 벤 다이어그램을 중심으로 세계적으로 유명한 여러 가지 벤 다이어그램에 대해 알아보고, 대칭형 벤 다이어그램에 대해 공부하 는 시간을 가져 보겠습니다. 완성된 대칭형 벤 다이어그램은 무척 아름 다운 모습을 하고 있지요.

- 선수 학습 : 벤 다이어그램의 분할 영역을 구분하는 선 긋기
- 공부 방법 : 페르마의 마지막 정리를 증명한 앤드루 와일스에 대한

얘기를 읽으면서 수학에 흥미를 가지게 되기 바랍니다. 벤 다이어그램의 각 분할 영역을 모두 이등분할 수 있는 선을 긋는 방법에 따라 다양한 형태의 벤 다이어그램이 그려질 수 있습니다. 이러한 점에 주목하며 자신만의 그림을 그릴 수 있는 방법을 강구해 보는 것도 좋겠죠?

• 관련 교과 단원 및 내용

  - 7-가 : 여러 가지 모양의 벤 다이어그램이 존재할 수 있음을 알 수 있습니다.

  - 10-가 : 에드워드의 벤 다이어그램 작도 방법을 익히고 대칭형 벤 다이어그램의 작도 원리를 이해할 수 있습니다.

일곱 번째 수업 _ 벤 다이어그램의 일반적인 작도법을 배워 봅시다

7중 회전대칭 벤 다이어그램의 기본 네크리스를 만드는 방법을 이해하고, 이진 코드 표를 이용하여 나머지 네크리스의 구성을 추적해 보는 시간을 가져 보도록 합니다. 또 일반적인 벤 다이어그램의 작도를 위해 벤 다이어그램의 개수를 증가시키면서 분할 영역을 추가할 수 있는 올바른 단일폐곡선 긋기에 대해 공부하는 시간을 가져 보겠습니다.

• 선수 학습 : 이진 코드 표 만들기

• 공부 방법 : 7중 회전대칭 벤 다이어그램의 기본 네크리스에 존재하는 분할 영역의 수에 대한 정확한 이해가 필요하며, 일반적인 벤 다

이어그램을 만들 수 있는 올바른 단일폐곡선 긋기에 중점을 두고 책을 읽도록 합니다.

• 관련 교과 단원 및 내용

　－7-가 : 일반적인 벤 다이어그램 작도법을 익힐 수 있습니다.

　－10-가 : 벤 다이어그램을 확장하는 방법에 대한 창의적인 아이디어를 도출할 수 있습니다.

존 벤을 소개합니다

John Venn (1834 ~ 1923)

나는 벤 다이어그램을 최초로 고안한 영국의 수학자랍니다.

벤 다이어그램은 집합론, 확률론, 논리학, 통계학, 컴퓨터 공학 등에

널리 쓰이고 있답니다. 곤빌 앤드 카이우스 칼리지에 가면

다이닝 룸의 유리창에 벤 다이어그램 문양을 새겨 넣은

스테인드글라스가 끼워져 있는 걸 볼 수 있답니다.

벤 다이어그램의 심오한 원리를 이해한다면

창의적인 사고 영역에 성큼 다가설 수 있을 것입니다.

여러분, 나는 존 벤입니다

여러분, 안녕하세요? 내 이름은 존 벤입니다. 나는 1834년에 잉글랜드 북동부 요크셔주에 있는 헐Hull에서 태어났고, 1923년 4월에 케임브리지에서 세상을 떠났습니다. 영국에 살면서 논리학자, 철학자, 수학자로 활동을 했고 집합론, 확률론, 논리학, 통계학, 컴퓨터공학 등에 널리 쓰이고 있는 벤 다이어그램❶을 최초로 고안하여 사용했던 사람으로 널리 알려져 있답니다.

❶ 벤 다이어그램 존 벤John Venn이 고안했으며 단일폐곡선을 이용하여 집합들 간의 상호관계를 시각적으로 나타내는 데 사용되는 다이어그램.

나의 어머니는 내가 아주 어릴 적에 일찍 돌아가셨고 할아버지와 아버지 모두 엄격한 영국 복음주의파의 교구 사제를 역임하는 등 종교적 가풍이 엄한 분위기에서 자랐죠.

내가 열아홉 살 되던 1853년에 케임브리지의 곤빌 앤드 카이

곤빌 앤드 카이우스 칼리지
Gonville & Caius College 1348~
케임브리지에 있는 30여 개
칼리지 중에서 가장 오래된
대학들 중의 하나이다.

❷ 우스 칼리지❷에 입학했고 1857년 졸업과 동시에 특별 연구원에 선발되어 짧은 기간 연구 활동을 하다가 잉글랜드 북동부의 일리Ely에서 1년간 부목으로 근무를 했습니다.

1862년 다시 케임브리지로 돌아와서 윤리학을 강의했는데 이 시기에 나의 관심사는 논리학이었고 확률의 빈도 해석에 관하여 쓴《가능성의 논리 The Logic of Chance1866》, 벤 다이어그램에 대해 소개한《기호논리학 Symbolic Logic1881》, 그리고 《경험논리의 원리 The Principles of Empirical Logic1889》이렇게 세 권의 유명한 책을 출판했습니다.

오늘날 나를 유명하게 만든 벤 다이어그램은 1880년에 내가 쓴 논문인〈명제와 논리의 도식적, 역학적 표현에 관하여 On the Diagrammatic and Mechanical Representation of Proposition and Reasoning〉에서 처음으로 소개했고《기호논리학》에서 보다 자세하게 정리하여 세상에 알려지게 되었습니다.

나에 앞서 라이프니츠, 오일러 등의 대학자들이 다이어그램을 사용했지만 오늘날 여러 분야에서 많이 사용되고 있는 다이어그램은 거의 벤 다이어그램이라는 이름으로 통용되고 있는 것이 현실입니다.

1883년에 나는 영국왕립학회 회원으로 선출되는 영광을 안았습니다. 그리고 이때부터 나의 관심이 논리학에서 역사에 대한 연구로 선회하면서 1887년에 내가 다녔던 대학에 대한 전기식 역사서인 《The Biographical History of Gonville and Caius College 1349~1897》를 저술하게 되었습니다.

내가 쓴 첫 번째 역사서가 1922년에 출간되었고 그 이후 나는 아들의 도움을 받아 세 권의 역사서를 더 저술했답니다. 그리고 그 이후 지금까지 이 대학에 대한 아홉 권의 역사서가 편찬되었죠.

오늘날 곤빌 앤드 카이우스 칼리지에서는 다이닝 룸의 유리창에 벤 다이어그램 문양을 새겨 넣은 스테인드글라스를 끼워 넣어 나의 업적을 기리고 있고, 헐 대학Hull University에서는 1928년 나의 이름을 딴 건물을 신축하여 나의 업적을 기리고 있습니다.

최근 '오늘날 가장 영향력 있는 세 명의 수학자'를 뽑는 영국 BBC 방송의 조사에서 아이작 뉴턴, 레온하르트 오일러에 이어 세 번째에 내 이름이 올라가는 영예를 얻게 되었습니다. 정말 자랑스러운 일이 아닐 수 없다는 생각이 드는군요. 학생 여러분, 어때요? 나와 한번 친해 보지 않을래요?

이 책은 내가 한국의 학생들에게 벤 다이어그램에 대한 모든 것을 소개하기 위해 직접 강의를 진행하는 형식으로 꾸며져 있습니다.

이 책에 실린 벤 다이어그램에 대한 내용은 학교에서 우리들이 자주 만날 수 있는 벤 다이어그램의 활용과는 다소 거리가 있습니다. 주로 벤 다이어그램의 원리에 대한 이야기로 구성되어 있지요.

그러나 여러분! 이 책을 끝까지 차분히 읽어 보기 바랍니다. 차분한 마음으로 나를 믿고 이 책을 끝까지 읽고 나면 여러분들은 좀 더 넓은 수학적 시각을 가질 수 있을 것이며, 좀 더 창의적인 사고 영역에 한 발 더 깊이 자신을 들여놓을 수 있었다는 자부심을 느낄 수 있을 거예요.

나는 영국에서 태어난 논리학자 겸 철학자이자 수학자인 존 벤입니다.

안녕하세요?

나는 내 이름을 딴 벤 다이어그램으로 유명하죠.

나의 어머니는 아주 어릴 적에 돌아가셨고 할아버지와 아버지는 교구 사제를 지내신 엄한 분이셨습니다.

언제나 바른 언어, 바른 몸가짐

다정한 엄마, 왜 그렇게 일찍 돌아가셨어요. 아버지랑 할아버지는 너무 엄하셔서 무서워요.

흑흑흑

나는 처음에는 수학보다 논리학에 관심이 더 많았답니다.

앗!

수학은 논리잖아!

하하

논리적으로 벤 다이어그램을 만들자!

라이프니츠, 오일러가 이미 다이어그램을 만들었지만 존 벤이 만든 다이어그램이 최고야.

아예 다이어그램을 존 벤의 이름을 따서 벤 다이어그램 이라고 부르자고.

젊은 시절 논리학, 수학, 철학에 대해 연구를 했는데 나이를 먹으니 역사에 관심이 생기는군. 이제부턴 죽을 때까지 역사서만 쓸 거야.

하지만 최근 영국 BBC 방송에서 가장 영향력 있는 세 명의 수학자를 뽑았는데 나는 아이작 뉴턴, 레온하르트 오일러에 이어 세 번째로 이름을 올렸습니다.

레온하르트 오일러

아이작 뉴턴

존 벤

2 1 3

가장 영향력 있는 세 명의 수학자를 발표하겠습니다. 아이작 뉴턴, 레온하르트 오일러 그리고 존 벤입니다!!

교실에서 만나는
벤 다이어그램

벤 다이어그램을 이용하여 다양한 집합의
표현 방법을 알아봅니다.

첫 번째 학습 목표

1. 집합의 표현 방법을 알 수 있습니다.
2. 부분집합과 집합의 상등관계를 알 수 있습니다.
3. 벤 다이어그램을 이용하여 합집합, 교집합, 여집합 관계를 나타낼 수 있습니다.

미리 알면 좋아요

1. 집합의 정의 대상을 명확하게 구별할 수 있는 것들의 모임입니다.

2. 원소의 개수에 따른 집합의 분류 유한집합, 무한집합, 공집합으로 나눌 수 있습니다.

여러분, 안녕하세요? 반갑습니다. 이번 시간은 선생님과 함께
하는 첫 번째 수업 시간이죠? 그래서 오늘은 벤 다이어그램에 대
한 자세한 이야기보다 우리가 학교에서 수업 시간에 자주 만날
수 있는 눈에 익은 벤 다이어그램에 대한 이야기를 가지고 수업
을 진행하도록 하겠습니다.

벤 다이어그램은 나름대로의 수학적인 영역을 가지고 있는 분
야인데 학교에서는 집합 단원을 배울 때 집합과 집합 사이의 관

계를 그림으로 나타내는 도구로 많이 쓰이고 있다는 것을 여러분들은 잘 알고 있을 거예요. 그리고 집합의 연산 과정에서 벤 다이어그램을 이용하면 쉽게 연산을 할 수 있다는 것도 우리는 잘 알고 있죠.

현대 수학을 이끌어 가는 많은 분야들 중에 집합 분야가 있고 집합들 사이의 관계를 표현하는 데 벤 다이어그램이 없어서는 안 되는 중요한 도구로 쓰이고 있습니다. 따라서 벤 다이어그램에 대해 알아보기 위해서는 먼저 집합에 대한 공부를 하지 않을 수 없겠죠?

자, 집합에 대한 이야기부터 시작하도록 하죠.

저기, 재진 군! 준비가 되었나요? 공부를 시작해 볼까요?

"네~ 선생님, 빨리 시작해요. 궁금한 게 많아요."

오! 재진 군이 의욕이 대단하군요. 알았어요, 그럼 수업을 시작하겠습니다.

먼저 집합이라는 용어가 뜻하는 바와 그 구성 요소들을 알아봅시다. 우리가 배우는 수학 책에는 '대상을 명확하게 구분할 수 있는 것들의 모임'이 집합이며, 그 하나하나의 구성 요소들을 각각 '원' 또는 '원소'라고 정의하고 있습니다.

우리들이 일상생활에서 생각할 수 있는 모임들 중에는 그 대상이 명백하게 구분되는 것들도 있고 그렇지 않은 것들도 있지요.

- 더운 여름날 밤에 잠을 못 이루게 하는 것들의 모임
- 맛있는 음식들의 모임
- 나를 좋아하는 친구들의 모임

위와 같은 모임들은 집합의 예가 될 수가 없답니다. 왜 그럴까요?

객관적인 기준이 없기 때문입니다. 기준의 근거가 여러 가지이거나 아주 주관적이라는 것이지요.

다른 예들을 한번 보도록 하죠.

- 런던 시민들의 모임
- 내가 키우고 있는 애완동물들의 모임
- 1부터 100까지의 자연수들의 모임

이와 같은 모임들은 모임의 성격을 결정짓는 객관적인 기준이 있기 때문에 집합의 예가 될 수 있습니다.

자, 그러면 약속과 기호로 이루어진 수학의 세계에서 집합을 표현할 때 사용하는 기호와 그 사용 방법에 대해 알아보도록 하겠습니다.

- 집합은 중괄호 { }를 사용하여 나타냅니다.
- 집합을 나타낼 때는 흔히 알파벳 대문자 A, B, C, $\cdots$, X, Y, Z 등을 씁니다.
- 집합의 원소를 나타낼 때는 흔히 알파벳 소문자 a, b, c, $\cdots$, x, y, z 등을 씁니다.
- 집합의 원소들은 중복해서 표기하지 않습니다.
- a가 집합 P의 원소일 때 'a는 집합 P에 속한다' 또는 'a는 집합 P의 원소이다' 라고 하며 $a \in P$로 나타냅니다.

우리 반에서 고양이 키우는 사람들 모여라.

냐옹!

휴대용 게임기 가진 남학생만 모이자.

객관적인 기준이 있으니 집합이 될 수 있습니다. 훌륭해요. 단번에 집합의 기준에 대해 알았군요.

- a가 집합 P의 원소가 아닐 때 'a는 집합 P에 속하지 않는다' 또는 'a는 집합 P의 원소가 아니다' 라고 하며 $a \notin P$ 로 나타냅니다.

"선생님, 기호를 사용하지 않으면 안 되나요? 좀 복잡한 느낌이 들어요."

그렇게 느껴져요? 참고 좀 더 선생님 이야기를 들어 보세요. 절대 복잡하지 않답니다. 여러분들이 기호의 사용에 점점 익숙해지면 너무나 간결하고 아름다운 수학의 표현 방식이 마음에 들 거예요.

거리의 교통 표지판이나 화장실 표시, 공원 표시, 자전거도로 표시, 비상구 표시 등 우리 생활 주변에서 기호를 사용하여 어떠한 의미나 행위를 전달하는 방식을 아주 쉽게 많이 볼 수가 있죠?

이러한 기호의 사용은 그 의미 전달에 있어서 그 어떤 것보다 빠르고 정확한 효과를 보이고 있는 것을 우리는 경험적으로 알고 있습니다.

마찬가지로 수학은 바로 이렇게 기호를 사용하여 자연의 법칙성을 쉽고 간단하게 설명하고 기술하는 최고의 언어라고 할 수 있죠.

이제 집합을 표현하는 방법에 대해 알아보도록 하겠습니다. 집합을 표현하는 방법에는 두 가지 방식이 있어요.

첫째, 집합을 이루는 원소를 중괄호를 이용하여 모두 표시하는 방식을 원소나열법이라고 하며 다음의 예와 같이 나타냅니다.

$$C = \{\ 1,\ 2,\ 3,\ 4,\ 5,\ 6,\ 7,\ 8,\ 9,\ 10\ \}$$

둘째, 집합의 원소를 결정할 수 있는 명확한 조건을 사용하여 집합을 표현하는 방식을 조건제시법이라고 합니다.

$C = \{x \mid x$는 조건$\}$의 형태를 가지고 있으며 다음의 예와 같이 나타냅니다.

$$C = \{x \mid x$는 10 이하의 자연수$\}$$

두 가지 방식은 서로 장단점을 가지고 있어요. 원소나열법 표기는 집합의 원소를 한눈에 알아볼 수 있는 장점이 있고, 조건제시법 표기는 집합을 이루는 모든 원소들을 일일이 나열할 필요가 없다는 장점이 있죠.

여러분들은 상황에 따라서 적절한 집합 표기 방식을 선택할 수 있습니다.

다음의 수학 문장을 보고 여러분들이 하고 싶은 방식을 사용하여 수학적인 형태로 집합을 나타내 보세요.

20보다 작은 짝수들의 모임

"$A = \{2, 4, 6, 8, 10, 12, 14, 16, 18\}$요."

"저는 $Q = \{x \mid x < 20,\ x$는 짝수$\}$로 나타낼래요."

"$P = \{x \mid x$는 20 미만의 짝수$\}$로 나타낼 수도 있어요."

모두들 참 잘했습니다. 자신이 좋아하는 방식에 따라 수학적인 규칙에 맞게 집합을 잘 표현했습니다. 그런데 두 번째 유민 양과 세 번째 지웅 군의 집합 표현에는 약간의 차이가 있군요.

두 사람의 표현에서 틀린 것은 없지만 집합의 원소가 될 수 있는 조건의 표현 방식이 좀 다르군요. 누구의 표현이 더 간략하고 수학적인 표현이라고 생각되나요?

내가 보기에는 유민 양의 표현이 수학 기호를 좀 더 적절하게 사용한 좋은 표현인 것 같은데, 여러분들은 어떠세요?

어쨌거나 여러분들은 수학 공부를 하면서 기호의 사용에 좀 더 익숙해질 필요가 있습니다.

그리고 모든 집합은 집합을 이루는 원소의 개수에 따라 유한집합, 무한집합, 공집합 이렇게 세 가지로 나누어 생각해 볼 수 있습니다. 이를테면,

$$A = \{x \mid 0 \le x < 10,\ x$는 자연수$\},$$

즉 $A = \{1,\ 2,\ 3,\ 4,\ 5,\ 6,\ 7,\ 8,\ 9\}$

와 같이 원소의 개수가 정해진 집합을 유한집합이라 하고

$B = \{x \mid x$는 자연수$\}$, 즉 $B = \{1,\ 2,\ 3,\ 4,\ 5,\ 6,\ \cdots\}$

과 같이 원소의 개수가 끝없이 무한한 집합을 무한집합이라고 합니다. 그리고 다음과 같이 원소가 하나도 없는 집합을 공집합이라 하고 ϕ를 써서 나타냅니다.

$C = \{x \mid x < 1,\ x$는 자연수$\}$

자, 지금까지 우리는 집합이 뜻하는 바와 그 구성 요소, 그리고 집합을 나타내는 기호에 관해 기본적인 내용을 알아보았고 이제부터는 집합과 벤 다이어그램의 연관성에 대해 공부해 보도록 하겠습니다.

집합들 간의 관계, 부분집합과 집합의 상등, 그리고 집합의 연

산 등에 벤 다이어그램을 이용하면 아주 효율적으로 문제를 이해하고 쉽게 올바른 답을 찾아낼 수가 있답니다.

집합들 사이의 관계를 도식화하기 전에 먼저 부분집합이 무엇인가를 이해하고 있어야 하겠죠? 부분집합이란 말 그대로 어떤 큰 집합의 일부분이 되는 모든 집합들을 그 집합의 부분집합이라고 할 수 있지요.

간단한 예를 하나 들어 보도록 합시다.

두 집합 $A=\{a,\ b,\ c,\ d\}$, $B=\{a,\ b,\ c,\ d,\ e,\ f,\ g,\ h\}$를 생각할 때 집합 A의 모든 원소는 집합 B의 원소들에 포함되어 있음을 알 수 있고 이러한 경우를 수학적인 표현으로는 다음과 같이 나타낼 수 있습니다.

$x \in A$이면 $x \in B$일 때, 집합 A를 집합 B의 부분집합이라 하고, $A \subset B$ 또는 $B \supset A$로 나타내며, 'A는 B에 포함된다' 또는 'B는 A를 포함한다'와 같이 읽습니다.

이것을 벤 다이어그램으로 표현하면 다음과 같이 나타낼 수 있죠.

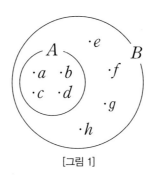

[그림 1]

또 수학적인 표현으로 나타내었을 때 다음과 같은 경우는 부분집합 중에서 진부분집합이라 하고 [그림 2-1]처럼 벤 다이어그램으로 나타낼 수 있습니다.

$P \subset Q$이고, $P \neq Q$일 때, P는 Q의 진부분집합이다.

그리고 다음과 같은 경우는 부분집합 중에서 상등인 부분집합이라 하고 [그림 2-2]처럼 벤 다이어그램으로 나타낼 수 있죠.

$P \subset Q$, $Q \subset P$이면, $P = Q$이고 'P와 Q는 서로 같다' 또는 'P와 Q는 상등이다' 와 같이 읽는다.

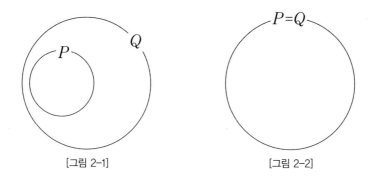

[그림 2-1]   [그림 2-2]

"선생님, 그런데 어떤 집합이 있을 때 그 집합의 원소들을 대
상으로 만들 수 있는 모든 부분집합들을 구할 수 있는 방법이 있

나요?"

우와! 우리 재진 군이 아주 적절한 때에 좋은 질문을 했군요. 그럼요, 구할 수 있죠. 선생님과 함께 다음의 표를 작성해 보도록 합시다.

스스로 생각할 수 있는 힘을 기르는 것이 아주 중요하답니다. 내 말을 들으면서 함께 곰곰이 생각해 보도록 하세요. 우리 뇌세포들을 잠자게 그냥 내버려둘 수는 없잖아요?

우리 모두는 수학을 잘하고 싶은 생각을 가지고 있습니다. 그러나 자기 자신들의 머리를 써서 생각하는 일을 너무나 소홀하게 여기는 경향이 있어요. 스스로 생각하는 과정을 쉽게 포기하는 학생들을 자주 볼 수 있죠.

규칙과 정해진 기호를 바탕으로 생각하는 방법을 꾸준히 연습해야 합니다. 인내심이 필요하죠. 힘들이지 않고 얻을 수 있는 열매는 시간이 지나서 땅에 떨어져 버린, 썩고 벌레 먹은 과일들밖에 없답니다. 싱싱하고 잘 익은 과일이 필요하면 직접 나무에 올라가는 용기와 인내가 있어야만 하죠.

모든 부분집합들을 구할 수 있는 표를 함께 만들면서 규칙성을 찾을 수 있도록 생각해 보세요.

원소의 개수	집합	부분 집합	부분집합의 개수	규칙성
0	$P=\phi$	ϕ	1	2^0
1	$P=\{1\}$	ϕ, $\{1\}$	2	2^1
2	$P=\{1, 2\}$	ϕ, $\{1\}$, $\{2\}$, $\{1, 2\}$	4	2^2
3	$P=\{1, 2, 3\}$	ϕ, $\{1\}$, $\{2\}$, $\{3\}$, $\{1, 2\}$, $\{1, 3\}$, $\{2, 3\}$, $\{1, 2, 3\}$	8	2^3
4	$P=\{1, 2, 3, 4\}$	ϕ, $\{1\}$, $\{2\}$, $\{3\}$, $\{4\}$, $\{1, 2\}$, $\{1, 3\}$, $\{1, 4\}$, $\{2, 3\}$, $\{2, 4\}$, $\{3, 4\}$ $\{1, 2, 3\}$, $\{1, 2, 4\}$, $\{1, 3, 4\}$, $\{2, 3, 4\}$ $\{1, 2, 3, 4\}$	16	2^4
⋮				
n	$P=\{1, 2, 3, 4, 5, \cdots, n\}$		2^n	2^n

[표 1]

자, 여러분! 집합의 원소의 개수가 늘어남에 따라 부분집합의 개수가 늘어나는 규칙이 눈에 보이시죠?

이렇게 공집합과 상등인 부분집합을 포함하여 모든 부분집합의 개수는 2^n으로 구할 수 있습니다.

앞에서 우리는 원을 이용하여 하나의 집합을 그림으로 표현하는 벤 다이어그램을 이용해 보았는데, 이제 벤 다이어그램을 이용한 기본적인 집합의 연산에 대해 알아보기로 할까요?

집합의 연산에서는 항상 전체집합의 존재를 생각해야 하며, 이 전체집합을 U로 나타내고 있다는 것을 알아둘 필요가 있어요. 그리고 연산에 필요한 집합들을 모두 포함하는 하나의 사각형을 그려서 전체집합을 나타내도록 하고 있습니다.

"선생님, 연산이 뭐예요?"

아, 연산이란 정해진 규칙에 따른 수학적 계산을 말하는 거예요. 그냥 일반적으로 우리가 알고 있는 계산이라고 생각하면 별 무리가 없을 것 같네요.

"선생님, 전체집합이 없으면 연산을 할 수 없나요?"

아니, 그런 것은 아니고 말하자면 전체집합이란 우리가 연산의 대상으로 삼는 집합들 모두를 포함하는 하나의 큰 테두리라고 생각하면 되는 거예요.

원래 내가 그린 처음의 벤 다이어그램에서는 사각형을 이용하여 전체집합을 표시하는 방법을 사용하지는 않았지요. 그러다 보니까 집합의 연산에 대한 결과로써 어떠한 집합에도 속하지 않는 부분에 대한 집합을 그림으로 나타낼 필요가 생기게 되었지요. 그러한 부분을 그냥 허공이나 그림이 그려진 용지의 여백 전체로 나타내는 것보다는 사각형을 이용하여 경계선을 그리는 것이 편리하다는 것을 알게 되면서부터 사각형 경계선을 전체집합으로 나타내게 된 것이랍니다.

"선생님, 그럼 집합의 연산을 할 때 사각형 모양으로 생긴 전체집합을 이용하는 경우가 많이 생기나요?"

아, 당연히 그렇지요. 자, 지웅 군이 선생님 질문에 대답해 보세요.

두 집합 P와 Q가 있는데, 원을 이용하여 2개의 집합을 표현한 후 이 두 집합 어디에도 속하지 않는 원소들의 영역을 그림으로 나타내려면 어떻게 해야 하나요?

"예? 음……."

이 문제도 한번 생각을 해 보세요. 여집합이라는 연산이 있는데, 예를 들어 $(P \cup Q)^c$에 속하는 원소들의 영역을 어떻게 나타낼 수 있을까요?

이 연산의 시행 방법은 두 집합 P와 Q를 모두 포함하는 집합에서 두 집합의 합집합을 빼고 그 집합에 남아 있는 나머지 원소들의 모임을 나타냅니다. 조건제시법으로 나타내면 다음과 같은 집합을 말하죠.

$$(P\cup Q)^C=U-(P\cup Q)=\{x\,|\,x\in U,\ x\notin(P\cup Q)\}$$

"음~ 아! 선생님, 그런 생각을 그림으로 나타내려면 두 집합 모두를 포함하는 경계선을 크게 하나 그리면 될 것 같은데요?"

그렇지요. 지웅 군, 맞았어요. 바로 그렇습니다. 눈에 보이지 않는 부분을 눈에 보이게 그림으로 나타내는 거죠. 다음 [그림 3] 의 빗금 친 부분과 같이 나타내면 되는 것입니다.

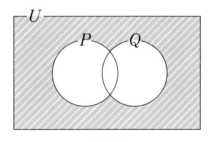

[그림 3]

"아, 그렇게 그려 놓으니 완전히 알 수 있을 것 같아요."

그렇죠? 자, 이제 전체집합에 대한 생각이 정리가 되었으니 기본적인 집합의 연산에 대해 알아보도록 하겠습니다. 먼저 연산의 대상이 되는 2개의 집합을 P, Q라고 하겠습니다.

합집합 : 두 집합 P와 Q에 속하는 모든 원소들의 모임을 말하며 [그림 4-1]에서 빗금 친 부분에 해당되는 원소들의 집합을 말합니다.

$$P \cup Q = \{x \,|\, x \in P \ \text{또는} \ x \in Q\}$$

교집합 : 두 집합 P와 Q에 공통으로 속하는 원소들의 모임을 말하며 [그림 4-2]에서 빗금 친 부분에 해당되는 원소들의 집합을 말합니다.

$$P \cap Q = \{x \,|\, x \in P \ \text{그리고} \ x \in Q\}$$

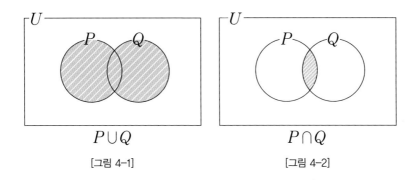

$P \cup Q$

[그림 4-1]

$P \cap Q$

[그림 4-2]

차집합 : 집합 P에 속하면서 집합 Q에 속하지 않는 원소들의 모임을 'P에 대한 Q의 차집합'이라 하며 $P-Q$로 나타냅니다. 말하자면 P에서 Q를 빼고 P에 남아 있는 나머지 원소들의 모임을 말합니다.

$$P-Q=\{x \mid x \in P \ \text{그리고} \ x \notin Q\}$$

마찬가지로 $Q-P$는 'Q에 대한 P의 차집합'이라 하며 Q에서 P를 빼고 Q에 남아 있는 나머지 원소들의 모임을 말하죠.

$$Q-P=\{x \mid x \in Q \ \text{그리고} \ x \notin P\}$$

[그림 5]와 같이 나타낼 수 있습니다.

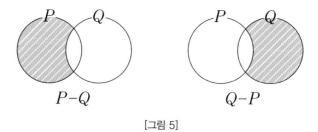

[그림 5]

여집합 : Complement Set여집합의 첫 글자를 기호화하여 P^c처럼 나타냅니다. P^c는 전체집합에서 P의 원소를 빼고 전체집합에 남아 있는 나머지 원소들의 모임을 나타냅니다. 여집합의 연산에서는 꼭 전체집합의 존재를 생각해야만 하죠. 그리고 차집합과 여집합 사이에는 $P-Q=P\cap Q^c$과 같은 관계가 있답니다.

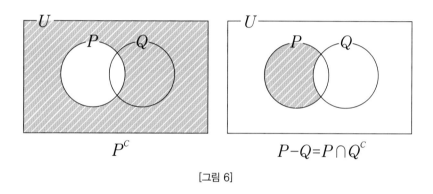

[그림 6]

자, 여러분! 오늘은 우리가 학교에서 수업 시간에 배웠던 집합에 대해 다시 한 번 알아보는 기회를 가졌습니다. 아울러 벤 다이어그램을 이용하여 집합들 간의 관계를 그림으로 나타내는 방법과 이를 이용한 기본적인 연산에 대해 간단히 알아보았습니다.

별로 어려운 내용은 아니지만 집합들 간의 관계를 나타내야 하는 문제를 풀 때 자연스럽게 벤 다이어그램을 그려서 이용하는 태도가 몸에 밸 수 있도록 벤 다이어그램과 친하게 지내는 것이 아주 중요하다고 생각이 되는군요.

오늘 공부한 내용 중에서 합집합, 교집합, 차집합, 여집합 등을 그림으로 표현하는 방법을 꼭 기억해 주기 바랍니다.

다양한 문제들을 풀어 보면서 실제적인 문제 풀이 능력을 길러 주는 것이 수학 공부를 잘할 수 있는 방법임을 여러분들은 잘 알고 있을 거예요. 힘든 고비를 하나씩 넘을 때마다 여러분들의 수학적 힘은 쑥쑥 자란다는 것을 잊지 마세요!

모두들 수고했습니다. 다음 시간에 다시 만나요~!

첫번째
수업 정리

1 집합의 표현 방법

원소나열법 : $A = \{1, 2, 3, 4, 5, 6, 7, 8, 9\}$

조건제시법 : $A = \{x \mid 0 \leq x < 10, \ x$는 자연수$\}$

2 부분집합

$x \in A$이면 $x \in B$일 때, 집합 A를 집합 B의 부분집합이라 하고, $A \subset B$ 또는 $B \supset A$로 나타내며, 'A는 B에 포함된다' 또는 'B는 A를 포함한다'와 같이 읽습니다.

3 진부분집합

$P \subset Q$이고, $P \neq Q$일 때, P는 Q의 진부분집합이라 합니다.

4 집합의 상등

$P \subset Q$, $Q \subset P$이면, $P = Q$이고, 'P와 Q는 서로 같다' 또는 'P와 Q는 상등이다'와 같이 읽습니다.

벤 다이어그램과
친해져 봅시다

집합의 연산을 할 때 교환법칙, 결합법칙, 분배법칙,
드모르간의 법칙 등의 연산법칙이 성립함을
벤 다이어그램을 이용하여 직관적으로 증명해 봅니다.

두 번째 학습 목표

1. 벤 다이어그램을 이용하여 집합의 연산에 있어서 교환법칙, 결합법칙, 분배법칙, 드모르간의 법칙 등의 연산법칙이 성립함을 직관적으로 증명할 수 있습니다.
2. 벤 다이어그램의 활용에 대한 친근감과 자신감을 가질 수 있습니다.

미리 알면 좋아요

1. 벤 다이어그램을 이용한 합집합, 교집합, 여집합의 표현법 단일폐곡선들이 교차하면서 생기는 분할 영역들을 이용한 논리적인 집합의 표현법입니다.

2. 드모르간의 법칙 교집합과 합집합의 여집합 연산에서 성립하는 정리이며 집합의 연산에서 가장 많이 사용되는 정리 중의 하나입니다.

존 벤 선생님께서 만면에 웃음을 띠고 교실로 들어서신 후 교실 안을 한 바퀴 둘러보면서 말씀하셨습니다.

자, 오늘은 두 번째 시간이죠? 지난 시간에 집합과 벤 다이어그램에 대해 알아보았으니 이제는 벤 다이어그램과 좀 더 친해질 수 있는 시간을 가져보도록 하겠습니다. 선생님과 함께 벤 다이어그램을 이용하여 집합의 연산에 관계되는 법칙과 정리에 대한

직관적인 이해 방법을 배워 보도록 합시다.

먼저 집합의 연산법칙들을 증명하기에 앞서 전체집합을 U, 집합 P, Q, R, S를 각각 전체집합의 부분집합이라고 정하겠습니다.

그럼 교환법칙부터 증명해 볼까요? 자, 연필을 들고 노트를 펴서 선생님을 따라 그려 보도록 하세요. 직관적인 증명이기 때문에 한 번씩만 그려 보면 쉽게 이해할 수 있을 거예요.

교환법칙 : $P \cup Q = Q \cup P$, $P \cap Q = Q \cap P$ --- ①

$P \cup Q \cup R = R \cup Q \cup P$, $P \cap Q \cap R = R \cap Q \cap P$ --- ②

$P \cup Q \cup R \cup S = S \cup R \cup Q \cup P$ --- ③

위의 식들은 집합의 연산에서 교환법칙이 성립함을 나타낸 것입니다. ①, ②, ③에서 좌변과 우변의 결과가 같음을 벤 다이어그램으로 나타내어 직관적으로 같음을 확인함으로써 교환법칙이 성립함을 이해할 수 있는 것이죠.

①은 집합의 개수가 2개, ②는 3개, ③은 집합의 개수가 4개인 경우 교환법칙이 성립함을 나타내고 있는 것인데, 이 중에서 ②

의 경우를 벤 다이어그램을 그려서 증명해 봅시다.

3개의 원을 일부분이 서로 교차하도록 그린 후 합집합과 교집합의 첫 번째 연산 과정을 그려 보세요.

[합집합]

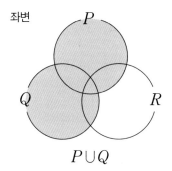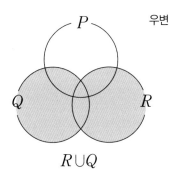

[그림 7]

[교집합]

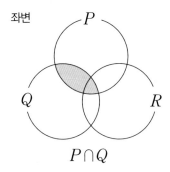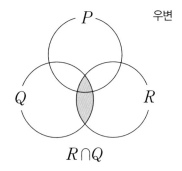

[그림 8]

그 다음에 두 번째 연산 과정을 그려 봅시다.

[합집합]

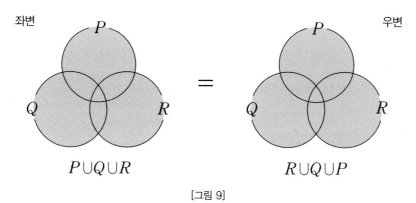

[그림 9]

[교집합]

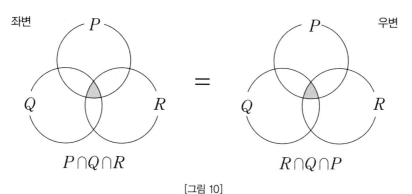

[그림 10]

모두들 다 그렸나요?

"네~, 선생님!"

두 번째 연산 과정의 결과로서 집합의 연산에서 교환법칙이 성립함을 직관적으로 명백히 알 수 있겠지요?

"선생님, 이건 너무 쉬운걸요."

그렇죠? 그럼 이번에는 집합이 4개인 경우를 예로 들어서 결합법칙이 성립함을 증명해 보도록 합시다.

결합법칙 :

$(P \cup Q) \cup R = P \cup (Q \cup R)$, $(P \cap Q) \cap R = P \cap (Q \cap R)$ --- ①

$(P \cup Q \cup R) \cup S = P \cup (Q \cup R \cup S)$,

$(P \cap Q \cap R) \cap S = P \cap (Q \cap R \cap S)$ --- ②

집합이 4개인 경우에 대한 벤 다이어그램을 그리는 것은 쉬운 일이 아닙니다. 대부분의 학생들이 그리는 방법을 모르고 있지요. 이러한 경우에 대한 벤 다이어그램의 작도에 대해서는 다음 시간에 자세히 공부하기로 하고 우선 하나의 벤 다이어그램을 예로 들어 ②의 결합법칙이 성립함을 증명해 보도록 하겠습니다.

첫 번째 연산 과정을 따라 그려 보세요.

[합집합]

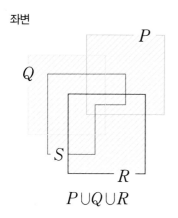

좌변

$$P \cup Q \cup R$$

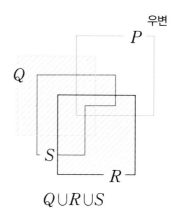

우변

$$Q \cup R \cup S$$

[그림 11]

[교집합]

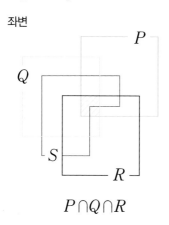

좌변

$$P \cap Q \cap R$$

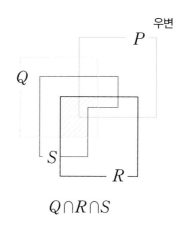

우변

$$Q \cap R \cap S$$

[그림 12]

그 다음 두 번째 연산 과정을 따라 그리세요.

[합집합]

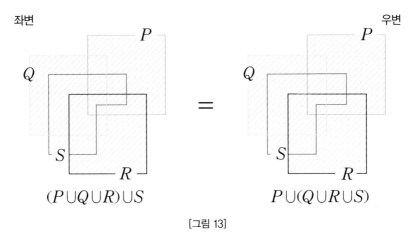

좌변

우변

$$(P \cup Q \cup R) \cup S$$

$$P \cup (Q \cup R \cup S)$$

[그림 13]

[교집합]

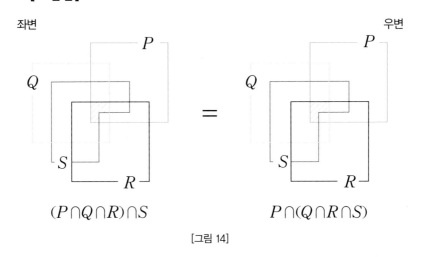

좌변

우변

$$(P \cap Q \cap R) \cap S$$

$$P \cap (Q \cap R \cap S)$$

[그림 14]

여러분, 어때요? 각각 (좌변)=(우변)이므로 합집합과 교집합의 연산에서 결합법칙이 성립함을 알 수 있겠지요?

이번에는 집합의 개수가 3개인 경우를 예로 들어 분배법칙이 성립함을 증명해 봅시다.

분배법칙 : $P \cup (Q \cap R) = (P \cup Q) \cap (P \cup R)$ --- ①

좌변

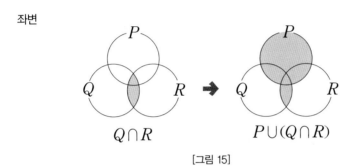

$Q \cap R$ $P \cup (Q \cap R)$

[그림 15]

우변

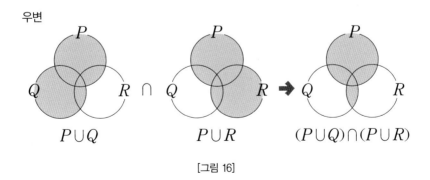

$P \cup Q$ $P \cup R$ $(P \cup Q) \cap (P \cup R)$

[그림 16]

위의 그림에서 (좌변)=(우변)이므로 분배법칙 ①이 성립함을 알 수 있습니다.

분배법칙 : $P \cap (Q \cup R) = (P \cap Q) \cup (P \cap R)$ --- ②

좌변

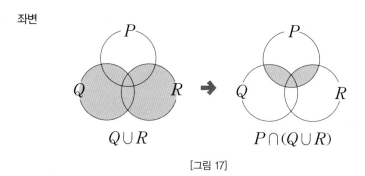

[그림 17]

우변

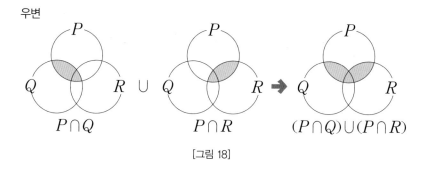

[그림 18]

마찬가지로 (좌변)=(우변)이므로 분배법칙 ②도 성립함을 알 수 있습니다.

이러한 과정을 통해 흡수법칙이 성립함도 증명할 수 있습니다.

$$P \cup (P \cap Q) = P, \quad P \cap (P \cup Q) = P$$

여러분들에게 다음 시간까지의 과제로 내어 드리겠습니다. 별로 어렵지 않은 과제이니 모두들 증명을 해 오도록 하세요.

드모르간 De Morgan, Augustus
1806~1871 영국의 수학자이자 논리학자로서 인도에서 태어나 영국에서 활동했다. 1828~1866년까지 런던 유니버시티 칼리지의 수학교수로 재직했고, 1866년 〈런던수학회〉를 설립하여 초대회장에 선임되었다. 드모르간의 법칙은 논리를 표현한 진술과 식을 더 편리한 다른 형식으로 바꿀 수 있도록 하는 이중으로 관련된 한 쌍의 정리定理로서, 14세기 오컴William of Ockham에 의해 시작되어 구전되던 것을 드모르간이 철저하게 탐구하여 수학적으로 표현한 것이다.

③

또 드모르간의 법칙이라는 것이 있답니다. 이 드모르간의 법칙은 집합의 연산, 불대수를 이용한 논리 회로 구축 등에 매우 유용한 해법을 제공하고 있는 정리죠. 집합의 개수가 2개인 경우를 예로 들어 드모르간의 법칙을 증명해 보도록 합시다.

드모르간의 법칙 : $(P \cup Q)^c = P^c \cap Q^c$ ── ①

$(P \cap Q)^c = P^c \cup Q^c$ ── ②

①번 정리

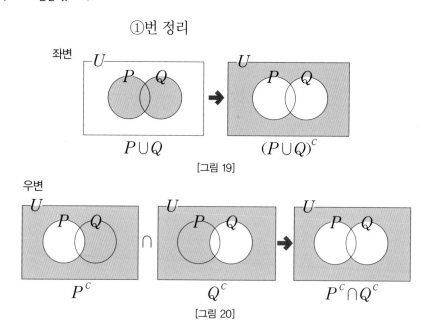

좌변

$P \cup Q$ $(P \cup Q)^c$

[그림 19]

우변

P^c Q^c $P^c \cap Q^c$

[그림 20]

(좌변)=(우변)이므로 ①번 정리가 성립함을 알 수 있고 ②번 정리 역시 다음 그림에서 볼 수 있듯이 (좌변)=(우변)이므로 정리가 성립함을 알 수 있습니다.

②번 정리

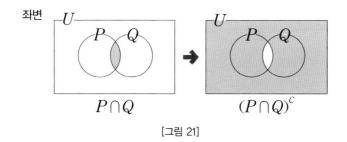

[그림 21]

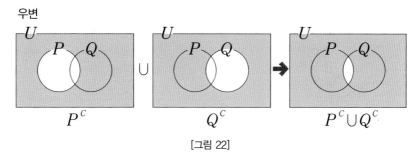

[그림 22]

우리는 지금까지 집합의 연산에 유용하게 많이 쓰이는 몇 가지 법칙을 벤 다이어그램을 이용하여 증명해 보았습니다. 직관적인 증명이라 그렇게 어려운 것은 아니지만 벤 다이어그램을 활용하

여 문제를 풀이하는 습관이 몸에 밴다면 여러분들의 수학적 힘
이 크게 신장되리라고 생각합니다.

간단한 증명 문제 2개를 풀어 보면서 이 시간을 마치도록 하겠
습니다.

문제1

전체집합 U, 부분집합 P, Q, R에 대해서 다음 등식이 성립
함을 증명하세요.

$$(P \cup Q)-(R \cup Q)=P-(R \cup Q)$$

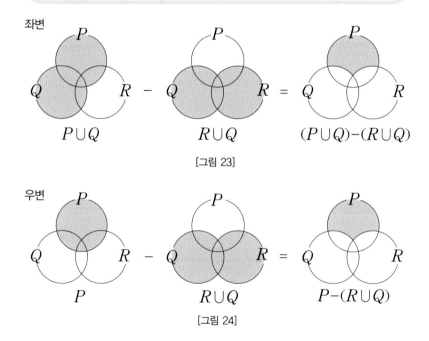

좌변

$P \cup Q$ $R \cup Q$ $(P \cup Q)-(R \cup Q)$

[그림 23]

우변

P $R \cup Q$ $P-(R \cup Q)$

[그림 24]

그림에서 볼 수 있듯이 벤 다이어그램을 사용하여 복잡한 계산

식을 거치지 않아도 쉽게 문제를 풀 수 있음을 알 수 있습니다.

문제2

집합 P, Q에 대해 다음 등식이 성립함을 증명하세요.

$$(P-Q) \cup (Q-P) = (P \cup Q) - (P \cap Q)$$

좌변

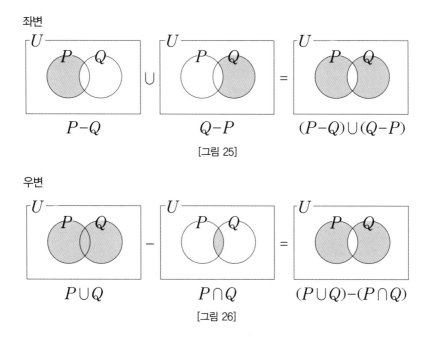

$P-Q$ ∪ $Q-P$ = $(P-Q) \cup (Q-P)$

[그림 25]

우변

$P \cup Q$ − $P \cap Q$ = $(P \cup Q) - (P \cap Q)$

[그림 26]

이렇듯 벤 다이어그램을 이용하면 [문제 2]의 성립을 직관적으로 빠르고 정확하게 이해할 수 있습니다.

그러나 수학을 다루는 학자들의 입장에서 벤 다이어그램을 이용한 직관적인 확인을 증명으로 인정할 수는 없다는 것이 일반적인 인식임을 알 필요가 있답니다.

[문제 2]의 등식은 연산법칙을 사용하여 다음과 같이 증명할 수 있습니다.

[증명]

$$(P-Q) \cup (Q-P) = (P \cap Q^c) \cup (Q \cap P^c)$$
$$= [(P \cap Q^c) \cup Q] \cap [(P \cap Q^c) \cup P^c]$$
$$= [(P \cup Q) \cap (Q^c \cup Q)] \cap [(P \cup P^c) \cap (Q^c \cup P^c)]$$
$$= (P \cup Q) \cap (Q^c \cup P^c)$$
$$= (P \cup Q) \cap (Q \cap P)^c$$
$$= (P \cup Q) - (Q \cap P)$$
$$= (P \cup Q) - (P \cap Q)$$
$$\therefore (P-Q) \cup (Q-P) = (P \cup Q) - (P \cap Q)$$

자, 여러분! 오늘은 벤 다이어그램과 조금 더 친해지는 시간을 가져 볼까 하는 마음으로 집합의 연산법칙에 대한 벤 다이어그램의 일반적인 활용에 대해 수업을 진행했습니다.

그렇게 어려운 내용은 없다고 생각이 되지만 그래도 오늘 배운 내용들을 차근히 다시 한 번 복습해 보는 시간을 가져 보기 바랍니다.

복습 시간을 꼭 가져 보기 바라겠어요. 모두들 다음 시간에 봐요~!

벤 다이어그램을 이용하여 집합의 연산법칙이 성립함을 직관적으로 증명하는 것은 그렇게 어려운 일이 아닙니다. 집합의 개수가 4개인 경우에 대한 직관적 증명에 주목하고, 집합의 개수가 늘어남에 따른 벤 다이어그램의 적용 방법을 모색하면서 책을 읽기 바랍니다.

벤 다이어그램의
유래를 알아봅시다

벤 다이어그램의 유래를 알아보고
벤 다이어그램의 분할 영역의 수가
늘어나는 규칙을 알아봅니다.

세 번째 학습 목표

1. 오일러 다이어그램의 개념과 벤 다이어그램의 유래를 알 수 있습니다.
2. 벤 다이어그램의 분할 영역의 수가 늘어나는 규칙을 알 수 있습니다.

미리 알면 좋아요

1. 명제의 표현 방법 어떤 사실의 참, 거짓이 명백하게 구별될 수 있도록 가정과 결론을 이용하여 나타낸 문장입니다.

2. 삼단논법을 이용한 논리 표현 2개의 전제인 대전제, 소전제와 하나의 결론으로 이루어진 연역적 추론 방법입니다.

다이어그램은 집합과 논리 연산에 시각적이고 직관적인 판단을 가능하게 한다는 점에서 편리함과 유용함이 인정되어 오늘날 집합, 확률, 통계, 컴퓨터 수학 등 여러 분야에서 대표적인 수학적 표현 방식의 하나로써 자리를 잡게 되었답니다.

유명한 수학자이신 라이프니츠1646~1716 선생님께서 삼단논법에 사용되는 4개의 기본명제를 나타내는 데 다이어그램을 처음으로 사용했습니다.

　그리고 이러한 방법을 더욱 적극적으로 활용하고 보급한 사람은 오일러1707~1783 선생님이셨고 그 덕택에 그가 사용했던 그림은 오일러 다이어그램이라는 이름으로 잘 알려지게 되었죠.

　"선생님, 명제가 무엇인지 설명을 좀 해 주세요."

　아, 그렇군요! 명제라는 말이 익숙하지 않죠?

　자, 이해가 쉽지는 않겠지만 명제를 이렇게 표현하는 것이 가장 좋을 것 같네요.

> ### 언어적 표현을 통해 참 또는 거짓 사태를 나타내는 문장

　어때요? 지웅 군, 대충이나마 무슨 의미인지 이해할 수 있겠어요?

　"글쎄요, 그게 저……."

　좋아요, 처음부터 그렇게 쉬운 일은 없는 법이죠.

　자, 잘 들어 보세요. 명제는 「p이면 q이다.」와 같은 문장 형식을 가지고 있습니다. 「$p \rightarrow q$」로 나타내고 p, q는 각각 어떠한 조건을 의미하고 있죠. 좀 더 자세히 말하자면 p는 q의 충분조건,

q는 p의 필요조건이라고 하지요. 물론 문장 자체가 명제는 아닙니다. 명제는 문장이 나타내고 있는 사태를 의미하니까요.

명제의 예를 하나 들어 볼까요?

> 반지름의 길이가 같은 두 원의 넓이는 같다.

이 문장이 의미하고 있는 상황을 여러분들은 짐작할 수 있죠? 참인지 거짓인지 구별할 수 있겠지요? 이런 명제를 '참인 명제' 라고 합니다.

> 봄이 오면 꽃이 피지 않는다.

이런 명제는 어떨까요? 어떤 상황을 나타내고 있지만 거짓인 상황을 나타내고 있죠? 이런 명제를 '거짓인 명제' 라고 하지요. 어쨌든 오늘날 인류 문명을 가능하게 했던 모든 학문 분야에서 논리❹의 표현에는 명제가 아주 널리 이용되고 있답니다. 나는 논리명제의 다이어그램화를 비약적으로 발전시킨 사람으로 잘 알려져 있습니다.

❹ 논리 사고 및 행동 면에 있어서의 타당한 규범과 기준을 형식적 원리에 따라 표현한 추론 과학.

참인 명제

거짓인 명제

    벤 다이어그램은 1880년에 쓴 나의 논문인 〈명제와 논리의 도식적, 역학적 표현에 관하여〉에서 처음 사용된 다이어그램입니다. 이 논문이 여러 철학 잡지와 과학 잡지에 소개되었는데 그 이후 점차 많은 영역에서 이 다이어그램을 활용하게 되면서 오늘에 이르게 되었습니다.

❺
라이프니츠 Leibniz, Gottfried Wilhelm 1646~1716 독일의 수학자. 원래는 법학을 전공했으나 호이겐스를 만나면서부터 수학을 연구하기 시작하여 뉴턴과는 독자적으로 미적분학을 발견하는 등 수학사에 큰 발자취를 남겼다.

    자, 벤 다이어그램의 이해를 위해 먼저 논리를 그림으로 나타내어 활용했던 예를 한번 찾아보도록 합시다.

    라이프니츠❺ 선생님께서 삼단논법에 사용되는 기본 명제들을 다이어그램으로 나타냈습니다.

오일러 다이어그램의 형식으로 그린 그림이지요. 오일러 다이어그램에 대해서는 잠시 후에 설명하기로 하죠.

삼단논법이 뭐냐고요?

음~ 그래요, 여러분들은 삼단논법에 대해 자주 접해 보지 못했을 거예요. 뭐 별로 어려운 내용은 아닙니다. 우리들의 일상생활에서 늘 접할 수 있는 것들이니까요. 몇 가지 예를 들어 삼단논법의 쓰임새를 한번 살펴보도록 하죠.

삼단논법이란 하나의 결론과 2개의 전제로 이루어진 논증 형식으로 최소 단위로 논리를 증명하는 방법이라고 볼 수 있습니다.

예를 들자면 이런 것들이죠.

- 사람은 동물이다.
- 동물은 모두 죽는다.
- 그러므로 사람은 모두 죽는다.

죽는다는 말이 나오니 어째 기분이 좀 이상하군요. 예를 하나 더 들어 보겠습니다.

- 모든 꽃은 식물이다.
- 어떤 식물도 동물이 아니다.
- 그러므로 어떤 꽃도 동물이 아니다.

간단히 말하자면 다음의 형식을 따라 논리를 증명하는 방법을 말하는 것이랍니다.

대전제 : p이면 q이고 $(p \Rightarrow q)$

소전제 : q이면 r이고 $(q \Rightarrow r)$

결론 : p이면 r이다 $(p \Rightarrow r)$

자, 아래 그림을 보세요.

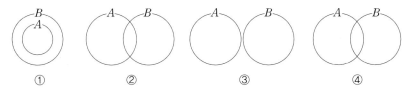

[그림 27] 기본명제의 오일러 다이어그램 표현

라이프니츠가 다이어그램으로 나타낸 [그림 27]은 아래와 같은 기본명제들을 그림으로 나타낸 것입니다.

① 모든 A는 B이다.

② 어떤 A는 B이다.

③ 모든 A는 B가 아니다.

④ 어떤 A는 B가 아니다.

이 다이어그램은 오늘날에도 삼단논법의 검증에 많이 사용되고 있답니다.

앞의 기본명제들을 벤 다이어그램 형식으로 나타내면 다음과 같이 표현할 수 있죠.

벤 다이어그램의 형식적 표현 요건이 집합의 개수가 n개일 때, 2^n의 분할 영역을 가져야 한다는 것입니다.

따라서 삼단논법을 벤 다이어그램의 형식에 맞추어 그린다면, 집합의 개수가 2개인 경우에 해당하니까 $2^2=4$개의 분할 영역을 가져야 한다는 것이죠. 외부 포함

①의 경우는 교집합 부분에 속하는 원소를 의미하는 경우이고,

②의 경우도 교집합 부분에 속하는 원소를 의미하는 경우이며,

③의 경우는 집합 A에만 속하는 원소를 의미하는 경우가 되겠고,

④의 경우도 집합 A에만 속하는 원소를 의미하는 경우가 되는 것이라 할 수 있습니다.

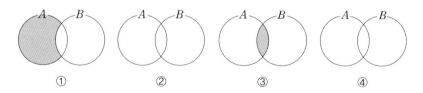

[그림 28] 기본명제의 벤 다이어그램 표현

단, [그림 28]에서 색칠된 영역은 공집합 영역을 나타내고 있습니다.

그리고 다음 그림은 내가 사용했던 다이어그램인데 3개의 원판을 사용하여 집합과 집합들 사이의 합과 교차 관계를 표현했습니다.

3개의 원판은 전체집합 U를 8개의 서로 중복되지 않는 영역으로 분할했고 나는 이것들을 이용하여 256_2^8개의 논리 조합을 만들어서 사용할 수 있었답니다.

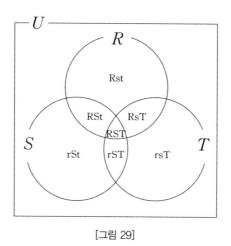

[그림 29]

일반적으로 2개의 명제 p와 q의 논리곱에 대한 진릿값을 찾아보면 다음 표와 같습니다. T는 참, F는 거짓을 나타내고 있습니다.

p	q	$p \wedge q$
T	T	T
T	F	F
F	T	F
F	F	F

[표 2]

이 진릿값을 결정하는 성분의 개수는 조건 p와 q이며 논리곱에 대한 진릿값의 가능성은 표에서 알 수 있듯이 $2^2=4$임을 알 수 있죠.

마찬가지로 [그림 29]의 각 부분집합 영역들의 진릿값의 집합 8개가 논리곱의 성분이 되므로 $2^8=256$개의 논리 조합을 만들 수 있는 것이죠.

또한 이 그림은 우리가 볼 수 있는 전형적인 벤 다이어그램의 모습으로 집합의 개수가 3개인 경우에 원소들이 속할 수 있는 모든 경우를 전부 나타내고 있으며 분할 영역의 개수, 즉 모든 부분집합의 개수는 $2^3=8$이 됩니다.

벤 다이어그램보다 먼저 사용되던 오일러 다이어그램에 대해
잠시 알아보도록 합시다.

여기 3개의 집합이 있어요.

$$P = \{1, 2, 3\}$$
$$Q = \{3, 4\}$$
$$R = \{4, 5, 6\}$$

집합의 원소들을 잘 살펴보세요. 서로 공통인 원소들이 있죠?
이 원소들 상호간의 관계를 잘 생각하면서 선생님이 그린 두 가
지 다이어그램을 비교해 보세요.

먼저 [그림 30]과 같이 다이어그램을 그리겠습니다.

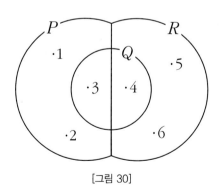

[그림 30]

어때요? 이와 같은 다이어그램을 본 적이 있는 사람, 손들어 보세요.

교실 안에 있는 학생들의 표정이 다양한 모습을 나타냅니다. 고개를 갸웃거리는 윤호, 하늘을 쳐다보는 지웅이, 뭔가 알고 있는데 생각이 나지 않는 듯 머리카락을 잡아 뽑고 있는 홍기, 그냥 생각 없이 멍하니 앉아 있는 준수.
학생들의 표정을 찬찬히 훑어보고 있던 존 벤 선생님이 재미있다는 듯이 껄껄 웃으며 말씀하셨습니다.

여러분, 이 그림은 여러분들이 지금까지 학교에서 보아 왔던 벤 다이어그램과는 다른 그림이에요. 여러분들 대부분은 이런 그림을 본 적이 없을 거예요.
원만을 이용해서 그린 그림이 아니고 필요하다면 여러 가지 모양의 그림을 이용해서 그릴 수 있죠. 그리고 가장 특징적인 것은 그림의 경계선들이 구분하고 있는 각각의 영역에는 반드시 원소들이 존재해야만 한다는 것입니다.
다시 말하면 원소가 없는 분할 영역이 있어서는 안 되는 그림이라는 거죠. 3개의 집합을 대상으로 한 합집합, 교집합, 차집합 등의 연산에 대한 결과에 해당하는 그림의 영역에는 반드시 원소들이 있어야만 하는 것이죠.

어렵게 생각하지 마세요. 그냥 다이어그램의 모든 분할 영역에 반드시 어떠한 원소가 있어야 한다는 뜻이에요.

이러한 다이어그램을 처음으로 사용한 사람은 그 이름도 유명한 오일러⑥랍니다.

"선생님, 오일러가 누구예요?"

오일러가 누구냐고요? 어험, 아~! 이 일을 어떻게 설명해야 하나?

저기 원빈 군, 미안하지만 선생님이 설명해야 하는 내용과 좀 거리가 있는 질문이니 다음에 따로 시간을 내서 오일러에 대해 얘기하면 안 될까요? 선생님이 오일러에 대한 자료를 준비할 테니 원빈 군도 여러 방면으로 오일러에 대한 자료를 모아 보세요. 어때요?

"네, 선생님! 알겠습니다. 오일러에 대해서 알아보도록 하겠습니다."

오, 그렇게 해 줄래요? 좋습니다.

❻ ------ 오일러 Leonhard Euler 1707~ 1783 스위스의 수학자, 물리학자. 수학, 천문학, 물리학뿐만 아니라 의학, 식물학, 화학 등 많은 분야에 걸쳐 광범위한 연구 업적을 남겼다. 삼각함수 기호 sin, cos, tan의 창안이나 '오일러의 정리' 등은 널리 알려져 있다.

앞의 집합 P, Q, R을 벤 다이어그램으로 나타내면 다음과 같습니다.

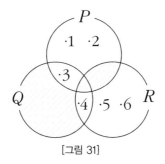

[그림 31]

오일러 다이어그램과는 다르게 빗금 친 영역처럼 공집합 영역
도 존재할 수 있는 다이어그램이죠.

자, 그럼 이제부터 벤 다이어그램에 대해 알아보도록 할까요?

벤 다이어그램은 하나의 집합을 평면상의 한 폐곡선으로 나타
내어 그들 사이의 관계, 즉 전체집합과 부분집합과의 관계, 부분
집합과 부분집합들 간의 합집합, 교집합과의 관계, 그리고 부분
집합의 여집합 등을 단일폐곡선을 이용하여 나타낸 그림을 말합
니다.

다음 그림을 보세요.

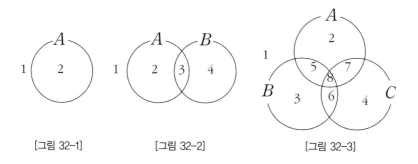

[그림 32-1]   [그림 32-2]   [그림 32-3]

이 그림은 집합의 개수가 1개, 2개, 3개인 경우를 벤 다이어그
램으로 나타낸 것입니다. [그림 32-1]의 원인 단일폐곡선은 전

체 평면을 원의 내부와 외부, 이렇게 두 부분으로 나누고 있습니다. [그림 32-2]의 두 원은 전체 평면을 네 부분으로 나누고 있죠? 그리고 [그림 32-3]의 세 원은 전체 평면을 여덟 부분으로 분할하고 있는 것을 볼 수 있습니다.

별다른 기술 없이 연필 한 자루만으로 쉽게 그릴 수 있는 이 그림들이 오늘날 집합의 연산에 빠지지 않고 사용되고 있는 그 유명한 벤 다이어그램입니다.

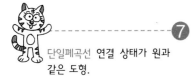

7 단일폐곡선 연결 상태가 원과 같은 도형.

위의 그림에서 단일폐곡선[7]들이 서로 교차하면서 만들어 낸 분할 영역들은 저마다의 의미를 가진 고유한 영역들이며, 집합의 개수가 서로 다른 각각의 경우마다 정해진 개수의 영역이 반드시 존재해야만 합니다.

벤 다이어그램이 성립하기 위한 조건의 하나로써 집합의 수가 늘어남에 따라 분할 영역의 수가 정해지는 규칙이 있기 때문입니다.

벤 다이어그램의 분할 영역의 수가 늘어나는 규칙에 대해 생각해 볼까요?

집합의 개수가 0인 경우에 집합의 원소들이 속할 수 있는 모든 경우는 공집합 1개뿐이죠.

$$1=2^0$$

집합의 개수가 1개인 경우에 집합의 원소들이 속할 수 있는 모든 경우는,

$$2=2^1$$

집합의 개수가 2개인 경우에는,

$$4=2^2$$

집합의 개수가 3개인 경우에는,

$$8=2^3$$

입니다.

자, 그렇다면 집합의 개수가 4개인 경우에 집합의 원소들이 속할 수 있는 모든 경우를 나타낸 벤 다이어그램의 분할된 영역의 개수는 몇 개가 될까요? 한번 계산해 볼까요?

$$2^4 = 2 \times 2 \times 2 \times 2 = 16$$

모두 16개가 되는군요.

집합의 개수가 늘어남에 따라 이러한 규칙으로 각각의 분할 영역들이 늘어남을 알 수 있습니다.

여러분들은 벤 다이어그램의 각 분할 영역이 갖는 의미라든가 집합의 개수가 늘어남에 따라서 증가하는 분할 영역의 개수 등이 어떠한 중요성을 갖는지에 대해서 아직 잘 모를 거예요.

이 책을 읽어 나가면서 차분히 그 의미를 찾아보기 바랍니다. 집합의 개수가 늘어남에 따라 벤 다이어그램을 그리는 것이 점점 어려워지지만 각각의 분할 영역이 늘어나는 규칙과 그 분할 영역들이 나타내고 있는 의미는 절대 변하지 않는답니다.

자, 여러분! 지금까지 다이어그램의 유래와 벤 다이어그램에 대해 간단히 알아보는 시간을 가져 보았습니다.

모두들 수고했어요.

세 번째
수업 정리

① 명제란 '언어적 표현을 통해 참 또는 거짓 사태를 나타내는 문장' 입니다.

② 오일러 다이어그램의 각 분할 영역에는 반드시 원소가 존재해야만 합니다.

③ 벤 다이어그램 분할 영역의 수가 늘어나는 규칙은 2^n 입니다.

n은 집합의 개수

벤 다이어그램의 쓰임새를 알아봅시다

논리합, 논리곱, 논리부정을 집합으로 표현하는 방법과
벤 다이어그램의 다양한 쓰임새를 알아봅니다.

1. 다양한 영역에 걸친 벤 다이어그램의 쓰임새를 알 수 있습니다.
2. 단순명제의 합성사를 이용하여 논리합, 논리곱, 논리부정을 집합으로 표현할 수 있습니다.

미리 알면 좋아요

1. **논리합, 논리곱, 논리부정** 두 명제 p, q에 대해 p 또는 q논리합, p 그리고 q 논리곱, p가 아니다논리부정라고 표현할 수 있습니다.

2. **확률, 조건부 확률** 하나의 사건이 일어날 가능성을 수치로 나타낸 값을 확률이라 하고, 하나의 사건이 일어남을 전제로 하고 두 번째 사건이 일어날 가능성을 수치로 나타낸 값을 조건부 확률이라 합니다.

3. **불대수의 공리계** 불대수 연산이 성립하는 계를 말합니다.

존 벤의
네 번째 수업

　여러분, 안녕하세요? 오늘은 벤 다이어그램이 우리의 생활 속에서 어떻게 쓰이고 있는지를 알아보도록 합시다.

　벤 다이어그램은 집합의 연산, 명제, 확률, 논리 회로 구축 등의 영역에 널리 쓰이고 있지요. 또 이러한 수학적인 영역 이외에도 회사의 영업망 설계, 업무 실적 보고, 각종 프레젠테이션❽ 자료 제작 등 여러 분야에 널리 쓰이고 있음을 볼 수 있습니다.

❽ 프레젠테이션 다양한 방법과 소프트웨어로 보고서나 회의 자료를 제작한 다음 여러 가지 미디어를 사용하여 일정 장소에 모인 많은 사람들에게 전달하는 발표 형식.

다음은 어느 유치원 학생들이 재래시장과 쇼핑센터에 체험 학습을 다녀와서 공통점과 차이점에 대해서 느낀 결과를 벤 다이어그램을 이용하여 기록해 놓은 것입니다.

　　체험 학습과 벤 다이어그램을 연관시킴으로써 어린 유치원 학생들에게 벤 다이어그램의 개념을 일찍 심어 줄 수 있었던 아주 좋은 체험 학습 활동이었다고 생각이 되는군요.

[그림 33] 시장 체험 학습 보고서를 쓰고 있는 아이들

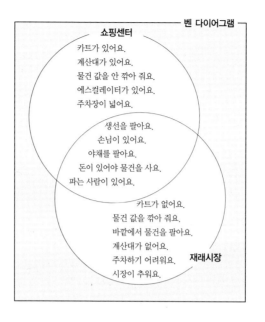

벤 다이어그램

쇼핑센터

카트가 있어요.
계산대가 있어요.
물건 값을 안 깎아 줘요.
에스컬레이터가 있어요.
주차장이 넓어요.

생선을 팔아요.
손님이 있어요.
야채를 팔아요.
돈이 있어야 물건을 사요.
파는 사람이 있어요.

카트가 없어요.
물건 값을 깎아 줘요.
바깥에서 물건을 팔아요.
계산대가 없어요.
주차하기 어려워요.
시장이 추워요.

재래시장

[그림 34] 체험 학습 보고서

체험 학습 보고서를 보니 어린 학생들의 눈에 ❾
비친 쇼핑센터와 재래시장의 모습이 진솔하면서
도 선명하게 눈에 들어오는 것 같지 않나요?

다음은 1901년 란트슈타이너❾가 발견한 ABO
식에서 네 가지 혈액형을 설명하면서 벤 다이어
그램을 이용하고 있음을 볼 수 있습니다.

란트슈타이너 Landsteiner, Karl
1868~1943 오스트리아의 병리
학자로서 주요 혈액 군을 발
견했고 ABO식 혈액형의 계
를 개발하여 수혈의 보편화를
이룩한 공로로 1930년 노벨
생리학 · 의학상을 받았다. 빈
병리학 연구소에서 연구원으
로 근무할 당시1898~1908 인
간 혈액 간의 근본적인 차이
점을 발견하고 수혈의 위험성
을 밝혀냈다.

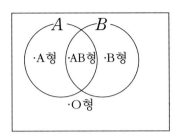

[그림 35]

ABO식 혈액형의 응집원과 응집소 : 사람의 적혈구 표면에는 항원에 해당하는 응집원이 있고, 혈청 속에는 항체에 해당하는 응집소가 있다. 이러한 응집원에는 A와 B, 응집소에는 α 와 β 두 종류가 있다. 그런데 응집원 A와 응집소 α 가 만나거나 응집원 B와 응집소 β 가 만나면 응집 반응이 일어나서 적혈구들이 서로 응집한다.

혈액형	A형	B형	AB형	O형
응집원적혈구	A	B	A와 B	없다
응집소혈청	β	α	없다	α와 β

A형=$\{x \mid x$는 응집원 A만 가진 피$\}$

B형=$\{x \mid x$는 응집원 B만 가진 피$\}$

AB형=$\{x \mid x$는 응집원 A와 B를 가진 피$\}$

O형=$\{x \mid x$는 응집원이 없는 피$\}$

다음은 벤 다이어그램을 간단한 명제의 증명에 이용하는 것입니다.

전체집합 U, 부분집합 P, Q에서 일반적으로 $P=\{x \mid p(x)\}$, $Q=\{x \mid q(x)\}$일 때 조건 $p(x)$, $q(x)$를 p, q로 나타내며 $p \Rightarrow q$와 같이 명제로 나타낼 수 있습니다.

다음의 명제를 집합과 벤 다이어그램을 이용하여 증명하세요.

문제1

자연수의 집합 $\mathbb{N}$에서 명제 「$5 \leq x < 10$이면, $x \leq 10$이다」는 참이다.

[증명] 조건 p는 $5 \leq x < 10$인 자연수이고, 조건 q는 $x \leq 10$인 자연수이다.

p, q의 진리집합을 각각 P, Q라 하면

$P=\{x \mid 5 \leq x < 10,\ x$는 자연수$\}$,

$Q=\{x \mid x \leq 10,\ x$는 자연수$\}$이므로 $P \subset Q$이다.

그러므로 명제 $p \Rightarrow q$는 참이다.

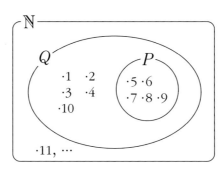

[그림 36]

이렇듯 벤 다이어그램을 이용하면 명제 $p \Rightarrow q$가 참임을 보다 쉽게 직관적으로 확인할 수 있지요.

문제2
　　명제 「$x^2=4$이면, $x=2$이다」는 거짓이다.

[증명] 조건 p는 $x^2=4$, 조건 q는 $x=2$이다.

p, q의 진리집합은 다음과 같다.

$P=\{x \mid x^2=4\}=\{-2,\ 2\}$

$Q=\{x \mid x=2\}=\{2\}$이므로 $P \not\subset Q$이다.

그러므로 명제 $p \Rightarrow q$는 거짓이다.

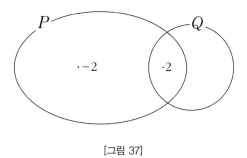

[그림 37]

[문제 1]과 마찬가지로 벤 다이어그램을 사용하여 명제가 거짓임을 쉽게 확인할 수 있습니다.

단순명제를 합성할 때 쓰이는 연결사인 논리합or : ∨, 논리곱 and : ∧, 논리부정not : ~을 사용한 합성명제를 집합으로 표현할 수 있습니다. 그리고 단순명제와 마찬가지로 벤 다이어그램을 사용하여 합성명제의 참, 거짓을 직관적으로 증명할 수 있지요.

전체집합 U, 부분집합 P조건 p의 진리집합, Q조건 q의 진리집합일 때 다음과 같이 합성명제를 집합으로 나타낼 수 있습니다.

$$p \lor q : P \cup Q, \quad p \land q : P \cap Q, \quad \sim p : P^c, \quad \sim q : Q^c$$

합성명제	집합
$p \lor q$	$P \cup Q$
$p \land q$	$P \cap Q$
$\sim p$	P^c
$\sim q$	Q^c

[표 3]

또 이러한 합성명제의 집합 관계를 이용하여 이들 명제의 부정

명제를 쉽게 찾아낼 수 있죠.

$$\sim(p \lor q) \Rightarrow (P \cup Q)^c \Rightarrow P^c \cap Q^c \Rightarrow \sim p \land \sim q$$

$$\sim(p \land q) \Rightarrow (P \cap Q)^c \Rightarrow P^c \cup Q^c \Rightarrow \sim p \lor \sim q$$

합성명제의 부정명제	집합
$\sim p \land \sim q$	$P^c \cap Q^c$
$\sim p \lor \sim q$	$P^c \cup Q^c$
$\sim(\sim p)$	$(P^c)^c = P$
$\sim(\sim q)$	$(Q^c)^c = Q$

[표 4]

지금까지 명제의 참, 거짓의 직관적인 확인에 벤 다이어그램을

유용하게 이용할 수 있음을 알아보았습니다.

이번에는 확률의 계산에 벤 다이어그램을 사용하면 아주 쉽게 문제를 풀 수 있음을 알아보기로 할까요?

우선 확률에 대해 잠시 살펴보도록 합시다.

확률은 수학적 확률, 통계적 확률, 기하학적 확률 등으로 나눌 수 있지만 여기에서는 주로 수학적 확률 문제 풀이에 벤 다이어 그램을 적용해 보기로 하겠습니다.

수학적 확률이란 사건 A가 일어날 확률 $P(A) = \dfrac{n(A)}{n(U)}$를 말하는 것이며, $n(U)$는 일어날 수 있는 사건의 전체 경우의 수, $n(A)$는 사건 A가 일어나는 경우의 수를 나타내고 있죠.

확률의 기본적인 성질로는 다음과 같은 것들이 있답니다.

- 확률의 범위는 $0 \leq P(A) \leq 1$이다.
- $P(U)=1$
- 일어날 수 없는 사건의 확률은 $P(\phi)=0$이다.
- A와 B가 배반사건이면 $P(A|B)=P(B|A)=0$이다. 즉 $A \cap B = \phi$이다.

- A와 B가 여사건이면 $A \cap B = \phi$이고 $A \cup B = U$이다. 따라서 $P(A) + P(B) = 1$이며 $P(A^c) = 1 - P(A)$이다.

- $P(B|A) = \dfrac{P(A \cap B)}{P(A)} = \dfrac{n(A \cap B)}{n(A)}$이고 사건 A의 발생을 조건으로 하는 사건 B의 확률이며, 이러한 것을 조건부 확률이라 부른다.

이러한 성질들을 바탕으로 문제를 풀이해 보도록 하죠.

문제3

$P(A) = \dfrac{3}{5}$, $P(B) = \dfrac{1}{5}$, $P(A|B) = \dfrac{2}{5}$이다.

(가) $P(A \cap B)$를 구하여라.

[풀이]

$P(A|B) = \dfrac{P(A \cap B)}{P(B)} = \dfrac{2}{5}$

$P(A \cap B) = \dfrac{2}{5} \times P(B) = \dfrac{2}{5} \times \dfrac{1}{5} = \dfrac{2}{25}$

$\therefore P(A \cap B) = \dfrac{2}{25}$

（나）$P(A^c \cap B^c)$를 구하여라.

[풀이]

드모르간의 법칙에 의해 $P(A^c \cap B^c) = P((A \cup B)^c)$이다.

따라서 $P((A \cup B)^c) = P(U) - P(A \cup B)$

$= P(U) - \{P(A) + P(B) - P(A \cap B)\}$

$= 1 - \left(\dfrac{3}{5} + \dfrac{1}{5} - \dfrac{2}{25} \right)$

$= 1 - \dfrac{18}{25} = \dfrac{7}{25}$

$\therefore P(A^c \cap B^c) = \dfrac{7}{25}$

（다）벤 다이어그램을 이용하여 $P(A \cap B^c)$를 구하여라.

[풀이]

（가），（나）에서 $P(A \cap B) = \dfrac{2}{25}$, $P(A) = \dfrac{15}{25}$, $P(B) = \dfrac{5}{25}$,

$P(A \cup B) = \dfrac{18}{25}$, $P((A \cup B)^c) = \dfrac{7}{25}$ 임을 알았으므로 다음

과 같이 벤 다이어그램을 그려서 빗금 친 부분의 값을 구할 수

있습니다.

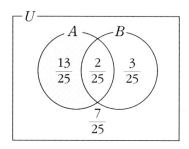

[그림 38]

$$\therefore P(A \cap B^c) = P(A) - P(A \cap B) = \frac{15}{25} - \frac{2}{25} = \frac{13}{25}$$

벤 다이어그램을 이용하여 문제를 쉽게 풀기 위해서는 (가)에서 $P(A \cap B)$를 구한 후 [그림 38]의 벤 다이어그램을 먼저 완성합니다. 그 다음에 이 다이어그램을 이용하여 문제 (나), (다)를 풀이하면 효과적으로 답을 찾을 수 있겠지요?

⑩

조지 불 George Boole 1815~1864 영국의 잉글랜드 링컨에서 태어났으며 수학자이자 논리학자였다. 조지 불이 창안한 불대수는 오늘날 논리 회로의 설계에 없어서는 안 될 유용한 도구로써 널리 사용되고 있다.

벤 다이어그램은 확률의 계산 이외에도 불대수를 이용한 논리 회로의 설계에도 많이 이용되고 있답니다.

불대수는 1849년 조지 불⑩이 창안했으며 논리

적인 사고와 추론의 과정을 대수학적 형태로 묘사하는 데 널리 쓰이고 있는 방법이랍니다.

1930년대에 들어서서 불대수가 스위치 회로를 구성하는 데 효과적으로 쓰일 수 있음이 알려졌고 현재 스위치 회로를 구성하는 데 유용한 도구로써 널리 쓰이고 있습니다.

불대수 B가 0과 1의 값을 가질 때 불대수의 공리계는 다음과 같이 가정이 됩니다.

$$0 \cdot 0 = 0, \ 1 + 1 = 1$$
$$1 \cdot 1 = 1, \ 0 + 0 = 0$$
$$0 \cdot 1 = 1 \cdot 0 = 0, \ 1 + 0 = 0 + 1 = 1$$
$$x = 0 \text{이면} \ \overline{x} = 1$$
$$x = 1 \text{이면} \ \overline{x} = 0$$

x가 불대수 B의 변수이면 공리계로부터 다음의 정리들을 정의할 수 있답니다.

$$x \cdot 0 = 0, \ x + 1 = 1$$
$$x \cdot 1 = x, \ x + 0 = x$$

$$x \cdot x = x, \ x + x = x$$

$$x \cdot \overline{x} = 0, \ x + \overline{\overline{x}} = x$$

$$\overline{\overline{x}} = x$$

그리고 불대수의 연산에서도 교환법칙, 결합법칙, 분배법칙, 드모르간의 법칙 등이 성립합니다.

불대수에서 진릿값을 구해 봄으로써 [표 5]에서 볼 수 있듯이 드모르간의 법칙이 성립함을 확인할 수 있죠.

[표 5]

$x \ y$	$x \cdot y$	$\overline{x \cdot y}$	$\overline{x}$	$\overline{y}$	$\overline{x} + \overline{y}$
0 0	0	1	1	1	1
0 1	0	1	1	0	1
1 0	0	1	0	1	1
1 1	1	0	0	0	0

이제 벤 다이어그램을 이용하여 다음 논리식의 타당성 여부를 확인해 보도록 합시다. 불대수의 변수 x의 집합은 원으로 표시되며 $x=1$의 영역은 원의 내부, $x=0$의 영역은 원의 외부로 표시되어 있습니다.

$$x \cdot y + \overline{x} \cdot z + y \cdot z = x \cdot y + \overline{x} \cdot z$$

[그림 39]

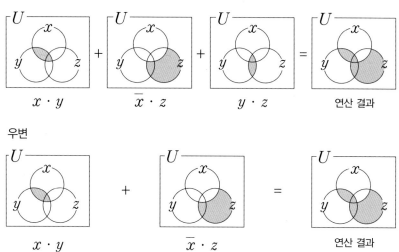

그림에서 볼 수 있듯이 불대수를 이용한 논리 회로의 검증에도 벤 다이어그램이 유용하게 쓰이고 있음을 우리는 알 수 있지요.

자, 여러분! 지금까지 벤 다이어그램이 어떻게 우리의 일상생활에 쓰이고 있는가에 대해 살펴보았습니다.

여기에서 살펴본 것 이외에도 아주 많은 분야에 벤 다이어그램이 쓰이고 있지만 벤 다이어그램의 작도 원리에 어긋나지 않는 완전한 그림을 그려서 사용하는가에 대해서는 의문의 여지가 있

답니다.

예를 들어서 집합의 개수가 4개 이상인 벤 다이어그램을 작도
원칙에 맞게 그리는 것은 쉬운 일이 아니지만, 많은 분야에서 작
도 원리에 대한 별다른 생각 없이 4개 이상의 단일폐곡선을 이용
하여 다이어그램을 그린 후 벤 다이어그램이란 이름하에 사용하
고 있는 실정이죠. 특히 수학적 엄밀함이 요구되지 않는 분야에
서 이러한 현상을 많이 찾아볼 수 있습니다.

다음 시간부터는 벤 다이어그램의 작도 원리를 중심으로 여러
가지 벤 다이어그램에 대해 알아보고 원리에 맞게 벤 다이어그
램을 작도해 보는 시간을 가져 보도록 하겠습니다.

네 번째
수업 정리

❶ 각종 보고서나 프레젠테이션 자료 제작에 벤 다이어그램이
활용될 수 있습니다.

❷ 벤 다이어그램을 이용하여 확률, 조건부 확률 문제를 쉽게
풀이할 수 있습니다.

❸ 불대수를 사용한 논리 회로의 설계에 벤 다이어그램을 활용
할 수 있습니다.

벤 다이어그램의
작도 원리를
알아봅시다

집합의 개수가 3개 이상인 경우
벤 다이어그램을 어떻게 그리는지 알아봅니다.

다섯 번째 학습 목표

1. 벤 다이어그램의 각 분할 영역이 가지는 고유한 의미를 알 수 있습니다.
2. 벤 다이어그램의 작도 원리를 알 수 있습니다.

미리 알면 좋아요

1. 순열과 조합 여러 개의 개체들 중에서 순서 없이 몇 개의 개체를 뽑아서 나열하는 것을 조합이라 하고, 순서가 있도록 몇 개의 개체를 뽑아서 나열하는 것을 순열이라 합니다.

2. 집합의 개수가 3개인 경우의 벤 다이어그램 그리기 집합의 개수가 3개 이상인 경우에 대한 벤 다이어그램 그리기의 기초를 제공합니다.

존 벤 선생님께서는 상기된 표정으로 빔 프로젝터를 이용하여 스크린에 그림을 띄우고 말씀하셨습니다.

자, 여러분! 여기를 보세요. 이 그림은 케임브리지 대학교의 곤빌 앤드 카이우스 칼리지 다이닝 홀의 유리창에 새겨져 있는 벤 다이어그램 문양이 들어 있는 스테인드글라스입니다.

나의 업적을 기리기 위해 학교 측에서 벤 다이어그램 문양이 든 스테인드글라스를 만들어 설치하고 영원히 업적을 기리고 있는 것이지요.

케임브리지의 곤빌 앤드 카이우스 칼리지에 다니고 있는 학생들의 자부심도 아마 대단할 거예요~!

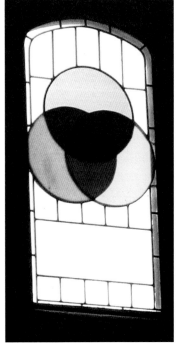

[그림 40]

자, 오늘은 올바른 벤 다이어그램을 그릴 수 있는 작도 원칙에 대해 공부하는 시간을 가져보도록 하겠습니다.

지난 시간에 집합이 3개인 경우에 있어서 벤 다이어그램을 그렸을 때 각각의 경계선으로 구분되는 분할 영역의 개수는 $2^3=8$개가 되어야 한다고 배웠습니다.

그렇다면 그러한 영역들이 무엇을 나타내고 있으며 꼭 8개가 되어야만 하는 이유가 무엇일까요?

어디 한번 알아볼까요? [그림 41]을 보도록 하세요.

1. 집합 P에만 속하는 원소들의 집합을 나타내는 영역 :
   Pqr로 표시

2. 집합 Q에만 속하는 원소들의 집합을 나타내는 영역 :
   pQr로 표시

3. 집합 R에만 속하는 원소들의 집합을 나타내는 영역 :
   pqR로 표시

4. 집합 $P \cap Q$에만 속하는 원소들의 집합을 나타내는 영역 :
   PQr로 표시

5. 집합 $P \cap R$에만 속하는 원소들의 집합을 나타내는 영역 : PqR로 표시

6. 집합 $Q \cap R$에만 속하는 원소들의 집합을 나타내는 영역 : pQR로 표시

7. 집합 $P \cap Q \cap R$에만 속하는 원소들의 집합을 나타내는 영역 : PQR로 표시

8. 공집합을 나타내는 영역 : pqr로 표시

여러분들이 분할 영역에 대한 이해를 쉽게 할 수 있도록 [그림 41]과 같이 벤 다이어그램을 그렸습니다.

그리고 알파벳 대문자와 소문자를 이용하여 각각의 분할 영역에 그 집합에 속하는 원소가 있고, 없음을 표현해 보았습니다. 외부 영역을 포함하여 정확하게 8개의 영역이 그려지게 된답니다.

외부에 사각형 테두리를 그리면 이제 전체집합을 나타내는 완전한 형태의 벤 다이어그램을 완성할 수 있죠.

지금은 전체집합을 나타내는 외부 사각형을 그리지 않은 상태이며 벤 다이어그램의 외부 영역은 집합 P, Q, R의 어디에도 속하지 않는 원소들의 영역을 나타내고 있습니다.

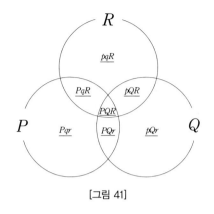

[그림 41]

자, 여러분! 이제 집합이 3개인 경우의 벤 다이어그램에는 분할 영역이 반드시 8개가 있어야만 하는 이유를 알겠죠?

그럼 집합이 4개인 경우에 있어서는 분할 영역의 개수는 몇 개가 되어야 하는지 알아보기로 할까요? 어디 창민 군이 말해 볼 수 있나요?

"저~ 선생님, 그러니까 집합이 4개니까, 에~ 2^4이 되어야 하니까 음~, 선생님! 알았어요. 16개가 되어야 합니다."

아이고, 우리 창민 군이 노래만 잘하는 줄 알았더니 수학 실력이 보통이 아닌데? 그럼 집합의 개수가 5개, 6개, 아니 임의의 n개인 경우의 분할 영역의 개수도 말해 보세요.

"네? 음~ 2^5, 2^6, 2^n으로 구할 수 있겠네요."

그렇습니다. 창민 군이 아주 정확하게 대답을 했습니다. 이런 계산 결과가 나오는 이유는 다음과 같습니다.

아직 배우지 못한 분야라서 생소한 학생들이 많겠지만 확률의 계산에 아주 많이 쓰이는 조합 이론을 이용하기 때문이에요.

분할 영역의 개수를 구하기 위한 공식이 여러분들에게 익숙하지는 않을 것입니다. 그러나 그 내용을 이해하고 몇 번 연습을 해 본다면 그리 어렵지 않게 사용할 수 있는 공식임을 알 수 있을 거예요.

자, 그러면 집합의 개수가 n개인 경우에 조합 이론을 이용하여 모든 분할 영역의 개수를 구해 보도록 하죠. 다음의 공식을 이용하여 모든 분할 영역의 개수를 구할 수 있습니다.

$$_nC_0 + {}_nC_1 + {}_nC_2 + \cdots + {}_nC_{n-1} + {}_nC_n = 2^n$$

이런 계산을 어떻게 하느냐고요? 차근차근 알아보도록 합시다. 우선 각 항이 나타내고 있는 의미가 무엇인지 알아야겠지요?

$_nC_0$ 항은 어느 부분집합에도 속하지 않는 원소들의 영역을 나타내는 분할 영역의 개수입니다. 공집합인 경우를 포함하고 있지요.

$_nC_1$ 항은 하나의 부분집합에만 속하는 원소들의 영역을 나타내는 분할 영역의 개수입니다.

$_nC_2$ 항은 2개의 부분집합에 속하는 원소들의 영역을 나타내는 분할 영역의 개수입니다.

$_nC_{n-1}$ 항은 $n-1$개의 부분집합에 속하는 원소들의 영역을 나

타내는 분할 영역의 개수입니다.

$_nC_n$ 항은 n개의 부분집합에 속하는 원소들의 영역, 즉 모든 집합의 교집합 영역을 나타내는 분할 영역의 개수입니다.

순열과 조합에 대해 간단히 알아볼까요? 순열과 조합이란 어떤 모집단에서 정해진 수의 원소들을 추출하는 모든 방법의 수를 계산할 때 순서가 다른 경우를 별개의 경우로 생각하면 순열, 순서가 다른 경우를 같은 경우로 생각하면 조합이 됩니다.

예를 들어 다음의 경우에 대해 생각해 봅시다.

독수리 반={재진, 홍기, 유민, 지웅}일 때, 독수리 반 학생들 네 명 중에서 두 명을 뽑아 한 줄로 세우는 방법의 수는 몇 가지일까요? 물론 학생이 서 있는 순서가 다른 경우는 별개의 경우로 생각합니다.

$$_4P_2 = \frac{4!}{(4-2)!} = \frac{4 \times 3 \times 2 \times 1}{2 \times 1} = 4 \times 3 = 12$$

각각의 경우	제1열	제2열
재진/홍기	재진	홍기
재진/유민	〃	유민
재진/지웅	〃	지웅
홍기/재진	홍기	재진
홍기/유민	〃	유민
홍기/지웅	〃	지웅
유민/재진	유민	재진
유민/홍기	〃	홍기
유민/지웅	〃	지웅
지웅/재진	지웅	재진
지웅/홍기	〃	홍기
지웅/유민	〃	유민
12		

[표 6]

만약 학생이 서 있는 순서에 상관하지 않는다면 몇 가지 경우가 될까요?

$$_4C_2 = \frac{4!}{2!(4-2)!} = \frac{4 \times 3 \times 2 \times 1}{2 \times 1 \times (2 \times 1)} = 2 \times 3 = 6$$

각각의 경우	제1열	제2열
재진/홍기	재진	홍기
재진/유민	〃	유민
재진/지웅	〃	지웅
홍기/유민	홍기	유민
홍기/지웅	〃	지웅
유민/지웅	유민	지웅
6		

[표 7]

이해가 잘 되지 않는 사람들을 위해 다시 한 번 생각해 봅시다.

다섯 명 가운데 세 명을 뽑아서 반장, 부반장, 서기로 임명한다고 할 경우에 몇 가지 서로 다른 경우가 나올까요?

$$_5P_3 = \frac{5!}{(5-3)!} = \frac{5 \times 4 \times 3 \times 2 \times 1}{2 \times 1} = 60$$

이 경우는 뽑힌 세 명의 역할이 서로 다른 경우이니 세 명을 뽑아서 한 줄로 세웠을 때 순서가 다른 경우를 별개의 경우로 계산한 경우가 되겠죠.

다섯 명 가운데 세 명을 뽑아서 자격이 같은 대의원을 임명한다면 몇 가지 서로 다른 경우가 나올까요?

$$_5C_3 = \frac{5!}{3!(5-3)!} = \frac{5 \times 4 \times 3 \times 2 \times 1}{3 \times 2 \times 1 \times (2 \times 1)} = 10$$

이 경우는 뽑힌 세 명의 역할이 같은 경우이니 세 명을 뽑아서 한 줄로 세웠을 때 순서에 상관없이 모두 같은 경우로 계산한 결과가 되는 것이죠.

자, 여기서 n개의 원소들 중에 k개를 뽑는 경우의 순열과 조합 공식을 알아봅시다.

순열 공식 : $_nP_k = \dfrac{n!}{(n-k)!}$

조합 공식 : $_nC_k = \dfrac{n!}{k!(n-k)!}$

느낌표! 표시는 '팩토리알'이라고 읽으며 $k!$은 1부터 k까지를 곱한 값을 나타냅니다. 그리고 $0!=1$로 약속되어 있죠.

자, 이제 집합의 개수가 4개인 경우 분할 영역의 개수를 구해 보도록 하겠습니다. 공식을 잘 기억하세요.

$$_nC_0 + {_nC_1} + {_nC_2} + \cdots + {_nC_{n-1}} + {_nC_n} = 2^n$$

$$_4C_0 + {_4C_1} + {_4C_2} + {_4C_3} + {_4C_4}$$

$$= \frac{4!}{0!(4-0)!} + \frac{4!}{1!(4-1)!} + \frac{4!}{2!(4-2)!} + \frac{4!}{3!(4-3)!} + \frac{4!}{4!(4-4)!}$$

$$= \frac{4 \times 3 \times 2 \times 1}{1 \times (4 \times 3 \times 2 \times 1)} + \frac{4 \times 3 \times 2 \times 1}{1 \times (3 \times 2 \times 1)} + \frac{4 \times 3 \times 2 \times 1}{2 \times 1 \times (2 \times 1)}$$

$$+ \frac{4 \times 3 \times 2 \times 1}{3 \times 2 \times 1 \times (1)} + \frac{4 \times 3 \times 2 \times 1}{4 \times 3 \times 2 \times 1 \times (1)}$$

$$= 1 + 4 + 6 + 4 + 1 = 16 = 2^4$$

물론 모든 경우의 개수를 쉽게 구하기 위해서는 $2^4=16$과 같이 계산을 하면 되겠지만, 집합에 속하는 원소의 개수에 따른 각각의 경우를 알기 위해서 여러분들은 조합 공식을 이용하여 계산하는 방법을 습득하는 것이 좋답니다.

분할 영역에 대한 이해가 되었으니 이제 벤 다이어그램을 그려 보도록 합시다.

집합의 개수가 3개 이하인 경우의 벤 다이어그램은 많이 보아 왔고 쉽게 그릴 수 있다는 것을 알고 있습니다. 그러나 집합이 4개인 경우의 벤 다이어그램은 어떻게 그릴 수 있을까요?

16개의 분할 영역이 나오도록 그림을 그릴 수 있을까요?

자, 여러분! 편의상 4개의 집합을 각각 P, Q, R, S라 하고 모두들 각자의 노트에 벤 다이어그램을 그려 보도록 하세요.

단, 원만을 이용하여 벤 다이어그램을 그려 보도록 하세요.

"선생님~! 너무 어려워요."

"아무리 그려도 그려지지가 않아요."

"꼭 원만을 이용해야 하나요?"

"선생님, 아무리 해도 분할 영역이 16개가 안 돼요."

"선생님, 집합이 4개 이상인 경우에는 원을 이용하여 벤 다이어그램을 그릴 수가 없는 거죠?"

아, 좀 조용히 하세요. 이렇게 한꺼번에 말을 하면 선생님이 대답을 할 수가 없잖아요. 차근차근 생각을 해 봅시다.

선생님과 함께 원을 이용하여 4개의 집합을 표현해 보도록 합시다. 우선 3개의 원을 이용한 벤 다이어그램은 그릴 수가 있죠? 그러면 나머지 1개의 원을 추가로 그릴 때는 어떻게 해야만 되겠어요?

3개의 원으로 그려진 벤 다이어그램에는 8개의 분할 영역이 있습니다. 4개의 원을 그렸을 때의 총 분할 영역의 개수는 16개가 되어야만 합니다. 따라서 마지막 네 번째의 원을 그릴 때는 이미 그려져 있는 8개의 영역을 모두 이등분하는 원을 그려야만 16개의 분할 영역을 얻을 수 있답니다. 바로 이 원칙이 중요한 것이죠.

벤 선생님께서 스크린에 새로운 그림을 띄우시고 말씀하셨습니다.

자, 다음 그림을 보겠습니다.

01 : pqrs
02 : pqrS
03 : pqRs
04 : pqRS
05 : pQrs
06 : pQrS
07 : pQRs
08 : pQRS

09 : Pqrs
10 : PqrS
11 : PqRs
12 : PqRS
13 : PQrs
14 : PQrS
15 : PQRs
16 : PQRS

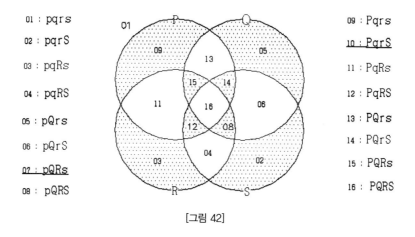

[그림 42]

이 그림은 선생님이 4개의 원을 이용하여 그린 다이어그램입니다. 분할 영역의 개수를 세어 보세요. 몇 개죠?

"벤 다이어그램의 외부 영역까지 포함하여 14개입니다."

그렇습니다. 16개가 아니고 14개입니다. 따라서 이 그림은 벤 다이어그램이 될 수 없습니다. 왜 그렇죠?

"네 번째의 원을 그릴 때 8개의 영역 모두를 둘로 나누지 못한 것이 원인인가요?"

음, 그럴까요? 한번 찾아봅시다. 집합 S를 나타내는 원을 마지막으로 그리면서 새로 생긴 영역들은 어떤 것들이죠?

"음~ 02번, 04번, 06번, 12번, 14번, 16번이요."

그렇군요! 아주 잘 찾아냈어요. 이들 영역들은 S를 나타내는 원에 의해 01번, 03번, 05번, 11번, 13번, 15번이 2개로 나누어지면서 새로 생긴 영역들입니다.

그렇다면 나누어지지 않은 영역은 어떤 것들인가요?

"아~ 네, 선생님! 08번과 09번입니다."

네, 그렇지요! 이번에는 재중이가 재빠르게 찾아냈군요. 아주 좋아요! 이렇게 S를 나타내는 네 번째의 원을 그리면서 기존의 2개 영역을 분할하지 못했기 때문에 전체 분할 영역이 16개가 되지 못하고 14개가 된 것이죠.

따라서 [그림 42]에는 벤 다이어그램에 반드시 있어야만 하는, 밑줄 친 07번과 10번에 해당하는 집합 영역을 나타낼 방법이 없는 것이죠. 그래서 [그림 42]는 벤 다이어그램이 될 수 없는 그림이 되는 것이랍니다.

원을 이용하여 집합이 4개인 경우의 벤 다이어그램을 그릴 수 없을 것이라는 재중 군의 말이 맞을 가능성이 있는 것이지요. 실제로 지금까지 원만을 이용하여 집합의 개수가 4개 이상인 경우에 대한 벤 다이어그램을 작도한 사람은 없답니다.

여러분, 이제 벤 다이어그램을 그리는 원칙을 이해할 수 있겠어요? 정리를 한번 해 볼까요?

벤 다이어그램의 작도 원칙

첫째, 집합을 나타내는 단일폐곡선은 서로 교차하면서 집합의 원소들이 속할 수 있는 모든 경우의 영역을 전부 나타낼 수 있어야 한다.

둘째, 벤 다이어그램이 완성된 상태에서 분할된 각 영역은 유일해야만 하며 같은 성격을 갖는 분할 영역이 없어야 한다.

셋째, 벤 다이어그램의 모든 분할 영역의 개수는 2^n이 되어야 한다.

넷째, 집합을 나타내는 단일폐곡선이 추가될 때 기존의 분할 영역들을 모두 이등분할 수 있도록 그려져야 한다.

자, 여러분! 집합의 개수가 4개인 경우의 벤 다이어그램을 다 그렸나요? 쉽지 않죠? 여기를 보세요.

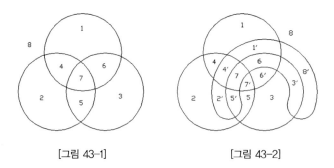

[그림 43-1]　　　　　　[그림 43-2]

[그림 43-1]의 모든 분할 영역을 통과하는 1개의 단일폐곡선을 추가하여 8개의 영역을 각각 2개씩의 영역으로 나누었습니다. 분할 영역의 개수가 모두 16개가 되었지요? 집합이 4개인 경우의 벤 다이어그램은 이렇게 [그림 43-2]와 같이 그리면 된답니다.

물론 이 그림은 선생님이 그린 것이니까 여러분들이 더욱 멋있는 그림을 그릴 수 있으면 더 좋겠지요?

다음 시간의 발표 과제를 내겠어요. 과제는 집합의 개수가 5개인 경우의 벤 다이어그램 그리기입니다. 성공하는 사람에게 칭찬 쪽지를 드리겠습니다.

"에이, 선생님! 겨우 칭찬 쪽지가 뭐예요!"

"그래요. 아이, 시시해요. 자장면 정도는 사 주셔야죠."

아이고, 알았으니까 과제나 잘해 오세요. 과제를 하기 위해서 먼저 여러분들이 알아야 할 사항은 모든 영역을 통과하는 단일폐곡선을 찾는 일이라는 것을 기억하세요. 생각을 많이 해야 합니다.

잘 그려지지 않는 학생은 [그림 43-2]에서 추가된 단일폐곡선의 경계선을 계속 따라가 보세요. 단서를 찾을 수 있답니다.

자, 오늘 모두들 열심히 했습니다. 다음 시간에 봐요. 안녕~!

다섯번째
수업 정리

1 벤 다이어그램의 작도 원칙은 다음과 같습니다.

첫째, 집합을 나타내는 곡선_{단일폐곡선}은 서로 교차하면서 집합의 원소들이 속할 수 있는 모든 경우의 영역을 모두 나타낼 수 있어야 합니다.

둘째, 벤 다이어그램이 완성된 상태에서 분할된 각 영역은 유일해야만 합니다. 똑같은 것이 없어야 한다는 말이죠.

셋째, 벤 다이어그램의 모든 분할 영역의 개수는 2^n입니다.

넷째, 집합을 나타내는 단일폐곡선이 추가될 때 기존의 분할 영역들을 모두 이등분할 수 있도록 그려져야 합니다.

2 벤 다이어그램의 모든 분할 영역 수는 다음과 같은 공식을 이용하여 구할 수 있습니다.

$$_nC_0 + {_nC_1} + {_nC_2} + \cdots + {_nC_{n-1}} + {_nC_n} = 2^n$$

3 위 식의 각 항에 대한 계산은 조합 공식을 이용하여 구할 수 있습니다. n은 집합의 개수, k는 원소들이 공통으로 속하는 집합의 개수

$$_nC_k = \frac{n!}{k!(n-k)!}$$

6 교시

벤 다이어그램에는
여러 가지가
있답니다

회전대칭 벤 다이어그램의 원리를 이해하고
조합 공식을 이용하여 분할 영역의 개수를 구해 봅니다.

여섯 번째 학습 목표

1. 페르마의 정리에 얽힌 앤드루 와일스의 이야기를 읽고 학습 의욕을 고취할 수 있습니다.
2. 교과서에서 만날 수 없는 다양한 벤 다이어그램에 대해 알 수 있습니다.
3. 회전대칭 벤 다이어그램에 대해 알 수 있습니다.

미리 알면 좋아요

1. 집합의 개수가 4개인 경우에 대한 벤 다이어그램 작도법 세 번째 집합을 그린 단일폐곡선의 경계선을 따라 그립니다. 분할 영역의 수가 $2^4 = 16$이 됨을 확인합니다.

2. 조합 공식을 이용한 분할 영역의 개수 구하기 집합의 개수가 n개일 때 k개의 집합에 공통으로 속하는 집합을 나타내는 분할 영역의 개수는 $\dfrac{n!}{k!(n-k)!}$을 이용하여 구할 수 있습니다.

존 벤의
여섯 번째 수업

안녕하세요? 여러분! 오늘은 우리들이 공부를 하면서 쉽게 접할 수 없는 여러 가지 벤 다이어그램에 대해 알아보는 시간을 갖도록 하겠습니다. 우리가 쉽게 볼 수 없는 이 다이어그램들 중에는 매우 유명하고 아름다운 벤 다이어그램들이 아주 많답니다.

자, 먼저 지난 시간에 선생님이 여러분들에게 내 준 과제를 해결한 사람은 손을 들어 보세요.

어, 모두 다 손을 들었잖아?

아니, 모두들 문제를 스스로 해결한 것인가요?

웬일들이지? 재진 군은 숙제 빠뜨려 먹는 도사인데?

어디 재진 군이 발표해 볼래요?

"네, 선생님!"

"선생님, 저도요!"

"저도요!"

"저도요!"

아, 아, 조용! 조용하세요.

이거 큰일인걸. 저 녀석들에게 자장면을 전부 다 사 주게 생겼으니, 어허~ 그것참!

재진이가 당당한 걸음으로 교단에 올라서서 분필을 잡은 후 아이들을 향해 큰소리로 발표를 하기 시작했습니다.

"안녕하십니까? 김재진입니다. 제가 그린 벤 다이어그램에 대해 발표하겠습니다. 저는 지난 시간에 집합의 개수가 4개인 경우의 벤 다이어그램을 그리는 방법을 선생님께 배웠습니다.

집합의 개수가 4개인 경우에 대한 벤 다이어그램을 그릴 때 마지막으로 추가된 단일폐곡선의 경계선을 따라서 폐곡선을 그리면 모든 영역을 이등분하는 단일폐곡선을 그릴 수 있다는 선생님의 말씀을 힌트로 하여 그림을 그렸습니다."

재진이는 망설임 없이 분필로 [그림 44-1]을 그렸습니다.

"그 결과 저는 [그림 44-1]과 같이 집합의 개수가 5개인 경우에 대한 벤 다이어그램을 그릴 수 있었습니다. 그리고 그러한 방법으로 집합이 6개인 경우에 대한 그림도 완성을 했는데, [그림 44-1]에서 마지막으로 추가된 단일폐곡선의 경계선을 따라 [그림 44-2]와 같은 단일폐곡선을 그렸더니 [그림 45]와 같은 벤 다이어그램을 완성할 수 있었습니다."

재진이는 컴퓨터를 사용하여 자신의 이메일에서 완성된 벤 다이어그램을 다운 받아 프로젝터 스크린에 띄워 놓고 어깨를 으쓱거리며 말을 했습니다.

　"[그림 45]에 음영을 넣은 것은 영역을 구분하기 쉬우면서 아름답게 보이기 위해서 그렇게 했고요, 전체 분할 영역의 개수는 외부 영역을 포함하여 2^6=64개임을 확인했습니다. 선생님, 제가 그린 그림이 벤 다이어그램이 맞는 것인가요?"

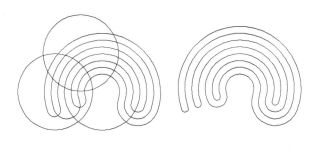

[그림 44-1]　　　　　　　[그림 44-2]

[그림 45]

아이들이 놀라서 웅성거리는 소리가 교실에 가득 찼습니다. 재진이의 발표를 조용히 경청하시던 벤 선생님께서 박수를 치시며 말씀을 하셨습니다.

야~! 재진 군, 다시 봐야겠어요. 대단해요! 집합의 개수가 6개인 경우의 벤 다이어그램은 나도 그려 보지 않았던 것인데 재진 군이 그렸군요. 완벽해요! 아니, 그런데 평소에 수학 시간이라면 질색을 하던 재진 군이 오늘은 웬일이에요? 수학을 좋아하기로 결심이라도 했나요?

"헤~ 선생님, 이런 것은 계산 문제가 아니잖아요. 아주 재미있는걸요. 선생님이 내 주신 과제를 꼭 그려 보고 싶은 생각이 들었거든요."

그래요? 아주 좋은 일이에요. 그럼요, 정말 좋은 일이죠. 축하해요. 여러분들, 이런 얘기를 들어 본 적이 있나요?

옛날에 수학을 아주 좋아하던 페르마1601~1665라는 사람이 살고 있었습니다. 페르마는 자신이 늘 가지고 공부를 하던 디오판토스[11]의 《산학 Arithmetica》이라는 책의 번역판 여백에 자신이 어떤 정리를 증명했다는 내용의 짧은 글을 남겨 놓았습니다.

페르마 자신은 취미로 수학을 연구했고 평생 동안 자신의 연구 업적을 발표한 적이 없었으며, 자신의 연구를 깔끔하게 정리하여 문서로 남기는 것이 습관화되어 있지 않았죠. 페르마가 책의 여백에 써 놓은 글은 다음과 같습니다.

'2보다 큰 자연수 n에 대해 방정식 $x^n+y^n=z^n$을 만족시키는 자연수 x, y, z는 존재하지 않는다!'

'나는 이미 이 문제의 감탄할 만한 증명 방법을 발견했지만 여백이 너무 좁아서 여기에 쓸 수는 없다.'

좀 어렵게 느껴지죠? 금방 이해가 될 내용은 아니니까 그냥 선생님 얘기를 재미있게 들으세요.

페르마가 죽은 후 범상치 않았던 아버지의 업적이 그냥 사장되는 것을 보고만 있을 수 없었던 페르마의 장남 클레망 사무엘이 아버지가 애독하시던 책들의 여백에 써 놓은 여러 주석들을 모아 출판을 하게 됩니다. 이로써 세상에 알려지게 된 이 페르마의 마지막 정리Fermat's Last Theorem를 증명하기 위해 기라성 같은 세계적인 천재 수학자들이 저마다의 야심을 품고 평생에 걸쳐 방정식의 해를 찾기 위해 도전을 계속했지만 결과는 비참한 실패의 연속이었습니다.

슈퍼컴퓨터 덕분으로 n의 크기가 십만 미만인 경우까지 페르

마의 정리가 성립함을 밝힐 수 있었지만, 20세기 말에 이르기까지 일반적인 수학적 증명 방법은 전혀 발견할 수 없었죠.

앤드루 와일스 Andrew John Wiles 1953~1974년에 옥스퍼드 대학교에서 학사 학위를 받고 1979년에 케임브리지 대학교에서 박사 학위를 받았다. 프린스턴 대학교의 교수로 재직하면서 리처드 테일러의 도움으로 페르마의 마지막 정리에 대한 그의 증명법을 인정받게 된다.

영국 케임브리지에서 태어난 앤드루 와일스⑫는 열 살 무렵에 자신이 살고 있는 마을의 도서관에서 우연히 페르마의 마지막 정리에 대한 글을 접하게 되었고, 300년이 넘는 세월 동안 이 정리를 증명하기 위한 수학자들의 도전에 얽힌 참담한 실패의 이야기를 읽었습니다.

그 이후 앤드루 와일스는 평생 동안 수학자의 길을 걸었고 마침내 1994년 9월 19일에 페르마의 마지막 정리에 대한 자신의 증명법을 세상에 공개하여 1995년 2월 13일 전 세계적인 인정을 받기에 이르렀습니다. 300여 년에 걸친 수학의 난제를 해결한 세계적인 수학자가 된 것이죠.

페르마의 마지막 정리를 증명하기 위한 앤드루 와일스의 일생은 한 편의 드라마와도 같습니다. 앤드루 와일스가 수학적 영감을 얻는 것에서부터, 일생 동안 흔들리지 않고 페르마의 정리를 증명하기 위해 모진 은둔의 생활을 감내하는 모습 등은 우리의 가슴에 진한 감동으로 다가옵니다.

여러분!

앤드루 와일스가 열 살 무렵에 페르마의 정리에 대한 이야기를
읽고 무엇을 느꼈을까요?

무엇이 그 어린 소년을 수학의 세계로 인도했을까요?

공명심이었을까요?

미지의 진리에 대한 강렬한 호기심이었을까요?

완벽한 아름다움을 발견하고 싶은 내재된 이성의 소리를 들었던 것일까요?

어떻게 그런 걸 알겠느냐고요?

여러분, 앤드루 와일스는 페르마의 정리를 처음 접한 순간 큰 흥미를 느꼈을 뿐입니다. 그냥 수학이 좋아지기 시작한 거죠. 자신의 가슴 속에 숨어 있던 열정이 끓어올랐을 수도 있지만 그렇다고 보기엔 너무 어린 나이잖아요?

순수한 호기심에 사로잡혔을 수도 있지만 그보다는 수학이 좋아지기 시작한 것입니다. 그래서 열심히 수학 공부를 한 것이고 세계적인 수학자가 될 수 있었죠.

재진 군은 어떻죠? 수학이 좋아지기 시작했나요?

수학이 좋아지기 시작하는 순간을 놓치지 말아야 합니다. 기쁨은 점점 키워 가야 하는 것이에요. 재진 군은 자장면 한 그릇을 상으로 받고 더욱 분발하여 수학이 좋아질 수 있도록 공부를 열심히 해야 합니다. 알겠어요?

"네, 선생님! 자장면 먹은 후에 어떤 경우라도 벤 다이어그램을 쉽게 그릴 수 있는 방법을 열심히 찾아보겠습니다!"

자, 여러분! 재진 군의 발표를 잘 들었지요? 아주 훌륭하고 흠 잡을 데 없는 그림을 그려 주었고 발표도 아주 잘했습니다.

여러분들 모두의 발표를 들어 보면 좋겠으나 시간 관계상 발표는 이것으로 마치고, 다음은 여러 나라의 수학자들이 찾아낸 유명한 벤 다이어그램들을 몇 가지 살펴보도록 하겠습니다.

에드워드Anthony Edward가 그린 아주 멋있는 벤 다이어그램이 있습니다.

다음 그림을 봐 주세요. 선생님이 순서대로 그림을 그릴 테니까 잘 보고 이해할 수 있도록 해 보세요.

1. 집합 P는 정사각형으로 나타냅니다.
2. 집합 Q는 직사각형으로 나타내는데, 가로의 길이는 집합 P를 나타내는 정사각형 한 변의 길이의 두 배, 세로의 길이는 정사각형 한 변의 길이의 절반입니다.

3. 전체집합 U는 집합 Q를 나타내는 직사각형의 두 배의 크기를 갖는 직사각형으로 나타냅니다.

4. [그림 46]과 같은 분할 영역이 그려지게 됩니다.

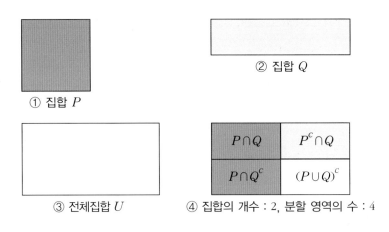

① 집합 P

② 집합 Q

③ 전체집합 U

④ 집합의 개수 : 2, 분할 영역의 수 : 4

[그림 46]

5. 세 번째 집합 R은 전체집합 속에 들어갈 수 있는 원으로 나타냅니다.

집합의 개수 : 3, 분할 영역의 수 : 8

[그림 47]

6. 네 번째 집합 S는 [그림 48]에서 보듯이 백열전구 2개를 거꾸로 붙여 놓은 모습으로 모든 분할 영역을 통과할 수 있도록 그립니다.

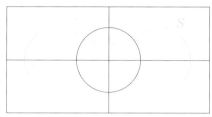

집합의 개수 : 4, 분할 영역의 수 : 16

[그림 48]

7. 다섯 번째 집합 T는 마치 십자형 수도꼭지처럼 생겼습니다. 모든 분할 영역을 통과할 수 있도록 주의를 기울여서 그려야 합니다.

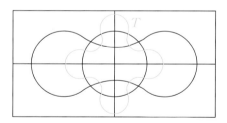

집합의 개수 : 5, 분할 영역의 수 : 32

[그림 49]

8. 여섯 번째 집합 H는 8개의 손잡이가 달린 수도꼭지처럼 생겼습니다. 손으로 그리는 일이 쉽지 않아 보입니다. 사방의 균형이 맞도록 주의를 기울여서 정성껏 그려 보겠습니다.

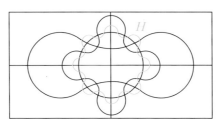

집합의 개수 : 6, 분할 영역의 수 : 64

[그림 50]

9. 집합의 개수를 추가해서 그리는 일은 컴퓨터의 도움을 받아서 해결할 수 있지만 알고리즘을 바탕으로 한 프로그램에 의해 일반적인 벤 다이어그램을 그리는 방법은 아직 발견되지 않았습니다.

참고로 에드워드의 다이어그램을 바탕으로 선생님이 그린 벤 다이어그램을 소개합니다. 집합의 개수가 8개인 경우에 해당되는 벤 다이어그램이며 매혹적인 아름다움을 보여 주고 있습니다.

집합의 개수 : 8, 분할 영역의 수 : 256

[그림 51]

이번에는 삼각형을 이용하여 그린 벤 다이어그램을 한번 볼까
요?

제러미 캐럴Jeremy Carroll이 그린 다이어그램인데, 집합의 개수
가 6개인 경우에만 그릴 수 있는 벤 다이어그램입니다. 'The 6
Venn Triangle' 이라고 부릅니다.

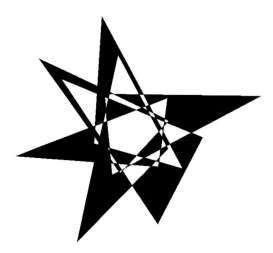

[그림 52] The 6 Venn Triangle

다음에는 윙클러Peter Winkler의 벤 다이어그램 작도법을 소개하 겠습니다.

윙클러는 4개의 타원을 이용하여 집합의 개수가 4개인 경우의 벤 다이어그램을 그렸습니다. 4개의 원만을 이용해서 그려진 벤 다이어그램은 아직 작도된 적이 없다는 것을 우리는 이미 알고 있죠? 하지만 윙클러는 타원을 이용하여 다이어그램을 그렸고 이 그림은 외부 영역을 포함하여 16개의 분할 영역을 가지므로 벤 다이어그램의 조건을 만족하고 있습니다.

어때요? 아주 독창적인 아이디어라는 생각이 들죠?

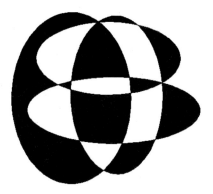

[그림 53]

다음 그림을 보세요.

4개의 합동인 타원을 이용한 다음과 같은 벤 다이어그램은 아주 뛰어난 균형미를 갖춘 걸작입니다.

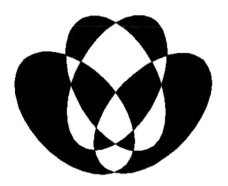

[그림 54]

여러분, 어때요? 수학 시간에 벤 다이어그램을 그린 것이 아니라 미술 시간에 디자인을 공부하면서 그린 그림처럼 느껴지지 않나요? 여러분들도 이러한 그림보다 더 아름다운 벤 다이어그램을 그릴 수 있을 것입니다. 생각을 자꾸자꾸 키워 가는 거예요. 한 가지 실마리를 잡고 생각을 키워 가다 보면 어디선가 자신도 모르는 사이에 아이디어가 떠오르겠지요?

이제부터는 좀 특별한 다이어그램에 대해 알아보도록 하겠는데요, 대칭형 벤 다이어그램이라는 것입니다. 말 그대로 다양한 형태를 지닌 합동인 도형의 대칭 이동을 이용하여 벤 다이어그램을 작도한 것이랍니다.

우선 합동인 도형을 1개 그린 다음 회전 이동 대칭의 기준이 되는 한 점을 중심으로 일정한 각도씩 회전시켜서 벤 다이어그램을 완성해 나갑니다.

지금까지 집합의 개수가 11개인 경우까지의 대칭형 벤 다이어그램이 완성되어 있고 그 이상의 경우에 대한 대칭형 벤 다이어그램은 아직 세계적으로 작도된 적이 없습니다.

그리고 유명한 벤 다이어그램에는 그 다이어그램을 작도한 사람의 이름이나 작도된 도시의 이름이 붙어 있답니다. 만약 여러분들의 이름이 붙은 벤 다이어그램이 세계적으로 발표된다면 어떻겠어요? 야~, 얼마나 신나는 일이겠어요, 그렇죠?

어때요, 재진 군이 한번 도전해 보지 않을래요?

"음~, 음~!"

자, 먼저 다음 그림을 보면서 대칭형 벤 다이어그램에 대해 알아보도록 합시다.

집합의 개수가 3개인 경우의 대칭형 벤 다이어그램을 그리기 위해 [그림 55-1]과 같은 도형을 그리고 이 도형을 점 O를 중심

으로 120°, 240° 회전시키면 [그림 55-2]와 [그림 55-3]을 얻을
수 있습니다.

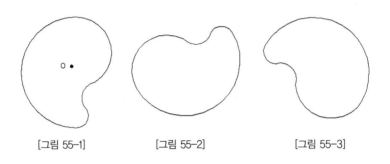

[그림 55-1]   [그림 55-2]   [그림 55-3]

이 3개의 도형을 겹치면 대칭형 벤 다이어그램을 얻을 수 있
죠. 물론 다양한 형태의 합동인 도형을 선택할 수 있으나 완성된
다이어그램의 형태가 원을 기반으로 하는 형태를 이루게 하는
것이 좋습니다.

다음 그림은 합동인 도형들이 일정한 각도씩 대칭 이동을 완료
한 상태의 그림이며 [그림 56-3]은 완성된 모습의 대칭형 벤 다
이어그램입니다.

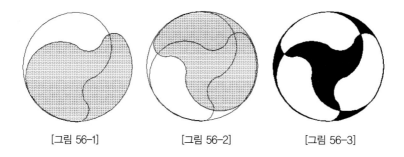

| [그림 56-1] | [그림 56-2] | [그림 56-3] |

자, 이 완성된 형태의 벤 다이어그램을 잘 보세요. 대칭형 벤 다이어그램이 완성되기 위해서는 다음과 같은 조건을 충족해야 만 합니다.

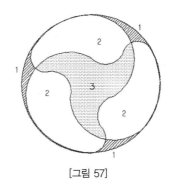

[그림 57]

첫째, 벤 다이어그램의 외부는 어느 부분집합에도 속하지 않는 원소들의 집합 영역을 나타냅니다. 공집합인 경우를 포함하고 있지요.

여러분들은 지난 시간에 벤 다이어그램 각 분할 영역의 개수를 계산하는 방법을 배운 적이 있습니다. 다시 한 번 선생님의 말을 들으면서 기억을 되살려 보세요.

3개의 집합에서 각 원소들이 어떠한 집합에도 속하지 않는 경우의 수란, 3개의 집합에서 어떠한 집합도 선택하지 않는 조합의 수와 같다는 것이죠. 따라서 다음과 같이 조합 공식을 사용하여 각각의 경우에 해당하는 영역의 수를 계산할 수 있습니다.

$$_nC_k = \frac{n!}{k!(n-k)!}$$

여기에서 n은 전체집합의 개수, k는 원소들이 공통으로 속해야 하는 집합의 개수를 나타내고 있습니다.

이제 첫 번째로 어느 부분집합에도 속하지 않는 원소들의 영역 수를 계산해 봅시다.

$$_3C_0 = \frac{3!}{0!(3-0)!} = \frac{3!}{3!} = \frac{3 \times 2 \times 1}{3 \times 2 \times 1} = 1$$이 됩니다.

둘째, 1로 표시된 빗금 친 영역 3개는 각각 하나의 집합에만 속하는 원소들의 영역을 나타냅니다. 집합의 개수가 3개니까 빗금 친 영역은 당연히 3개가 되어야만 하겠죠?

$$_3C_1 = \frac{3!}{1!(3-1)!} = \frac{3!}{1! \times 2!} = \frac{3 \times 2 \times 1}{1 \times 2 \times 1} = 3$$이 됩니다.

셋째, 2로 표시된 영역 3개는 2개의 집합에 공통으로 속하는 원소들의 영역을 나타냅니다. 집합이 3개니까 2개 집합의 교집합의 수는 당연히 3개가 되겠지요? 계산을 해 보겠습니다.

$$_3C_2 = \frac{3!}{2!(3-2)!} = \frac{3!}{2! \times 1!} = \frac{3 \times 2 \times 1}{2 \times 1 \times 1} = 3$$이 됩니다.

넷째, 3으로 표시된 1개 영역은 3개의 집합에 공통으로 속하는 원소들의 영역을 나타냅니다. 세 집합의 공통인 교집합은 당연히 1개가 되겠지요? 계산을 해 보도록 합시다.

$$_3C_3 = \frac{3!}{3!(3-3)!} = \frac{3!}{3! \times 0!} = \frac{3 \times 2 \times 1}{3 \times 2 \times 1 \times 1} = 1$$이 되죠?

이렇게 네 가지 경우를 모두 합하면 분할 영역의 수는 8개가 되어서 집합의 개수가 3개인 경우 벤 다이어그램이 필요한 분할 영역의 개수를 충족하게 됩니다.

  자, 그렇다면 이번에는 합동인 도형을 일정한 각도씩 다섯 번 회전대칭 이동하여 집합의 수가 5개인 경우에 대한 대칭형 벤 다이어그램에 대해 알아보도록 하죠.
  먼저 위와 같은 방법으로 집합의 원소들이 속해야 하는 분할 영역의 개수부터 계산해 보도록 하겠습니다.

  첫째, 어느 집합에도 속하지 않는 원소들의 분할 영역의 개수

$$_5C_0 = \frac{5!}{0!(5-0)!} = \frac{5!}{5!} = \frac{5 \times 4 \times 3 \times 2 \times 1}{5 \times 4 \times 3 \times 2 \times 1} = 1$$

  둘째, 1개의 집합에만 속하는 원소들의 분할 영역의 개수

$$_5C_1 = \frac{5!}{1!(5-1)!} = \frac{5!}{1!(4!)} = \frac{5 \times 4 \times 3 \times 2 \times 1}{1 \times 4 \times 3 \times 2 \times 1} = 5$$

  셋째, 2개의 집합에 공통으로 속하는 원소들의 분할 영역의 개수

$$_5C_2 = \frac{5!}{2!(5-2)!} = \frac{5!}{2! \times 3!} = \frac{5 \times 4 \times 3 \times 2 \times 1}{2 \times 1 \times 3 \times 2 \times 1} = 10$$

넷째, 3개의 집합에 공통으로 속하는 원소들의 분할 영역의 개수

$$_5C_3 = \frac{5!}{3!(5-3)!} = \frac{5!}{3! \times 2!} = \frac{5 \times 4 \times 3 \times 2 \times 1}{3 \times 2 \times 1 \times 2 \times 1} = 10$$

다섯째, 4개의 집합에 공통으로 속하는 원소들의 분할 영역의 개수

$$_5C_4 = \frac{5!}{4!(5-4)!} = \frac{5!}{4! \times 1!} = \frac{5 \times 4 \times 3 \times 2 \times 1}{4 \times 3 \times 2 \times 1 \times 1} = 5$$

여섯째, 모든 집합에 공통으로 속하는 원소들의 분할 영역의 개수

$$_5C_5 = \frac{5!}{5!(5-5)!} = \frac{5!}{5! \times 0!} = \frac{5 \times 4 \times 3 \times 2 \times 1}{5 \times 4 \times 3 \times 2 \times 1 \times 1} = 1$$

이렇게 여섯 가지 경우를 모두 합하면 다음과 같은 개수의 분할 영역을 가지게 됩니다.

$$1+5+10+10+5+1=32=2^5$$

　이제 집합의 개수가 5개인 경우의 대칭형 벤 다이어그램의 예를 하나 그려 보도록 하죠. 먼저 합동인 도형을 다섯 번 회전 이동해야 하므로 1회 대칭 이동에 필요한 회전각은 $\dfrac{360°}{5}=72°$ 가 됩니다.

　합동인 도형의 모양은 아주 다양하게 만들 수 있고, 여러분들도 직접 만들 수 있어요. 그러나 분할 영역들을 원주상에 일정하게 배치하는 문제와 기하학적인 감각 및 미적인 아름다움을 갖춘 도형을 찾는 일은 그렇게 쉬운 일은 아니라고 봅니다.

　다음 그림을 보세요.

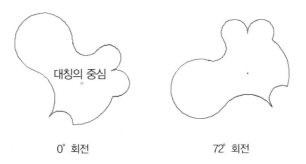

0° 회전　　　　　　　　72° 회전

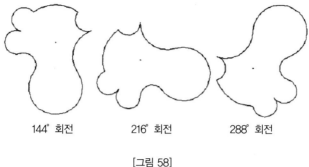

144° 회전   216° 회전   288° 회전

[그림 58]

자, 이렇게 합동인 도형을 회전 중심점을 기준으로 72° 씩 회전
이동시킨 5개의 그림이 있습니다. 이 그림을 3개 겹쳐 보면 다음
과 같이 됩니다.

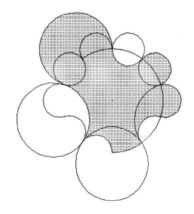

[그림 59] 회전대칭 이동을 세 번 시행한 상태

여기에서 음영이 들어간 부분은 합동인 도형 1개의 모양입니다.

그리고 다음의 [그림 60]은 [그림 58]의 5개의 그림을 모두 겹쳐서 5중 회전대칭 벤 다이어그램을 완성한 모습이랍니다.

[그림 60] 5중 회전대칭 벤 다이어그램

선생님이 성격이 다른 각각의 영역에 무늬를 넣어 보았는데, 어때요? 정말 보기 좋지 않나요?

"선생님, 벤 다이어그램의 조건에 맞는지를 검증해 봐야 하지 않나요?"

네, 아주 좋은 질문을 했군요. 그래요, 물론 검증을 해 봐야죠.

첫째, 그림에서 외부 영역은 어느 집합에도 속하지 않는 원소들의 영역이며 공집합의 경우도 포함하고 있습니다. 분할 영역의 개수는 1개죠.

둘째, 가장 짙은 음영이 들어간 부분은 하나의 집합에만 속하는 원소들의 영역입니다. 집합의 개수가 5개이니까 분할 영역도 5개입니다.

셋째, 벌집 모양의 문양이 들어간 부분은 2개의 집합에 공통으로 속하는 원소들의 분할 영역이며 개수는 10개입니다.

넷째, 빗금 친 부분은 3개의 집합에 공통으로 속하는 원소들의 분할 영역이며 개수는 10개입니다.

다섯째, 작은 점이 많이 찍힌 음영이 들어간 부분은 4개의 집합에 공통으로 속하는 원소들의 분할 영역이며 개수는 5개입니다.

여섯째, 중앙의 사각형 파이프 문양이 들어간 부분은 5개의 집합에 공통으로 속하는 원소들의 분할 영역이며 개수는 1개입니다. 즉 모든 집합의 교집합 영역에 해당하는 곳이죠.

자, 이렇게 여섯 가지 경우의 영역의 수를 모두 합하면 $2^5=32$개이며, 벤 다이어그램이 될 수 있는 조건을 만족하고 있습니다. 지금까지 이러한 방법을 사용하여 발견된 대칭형 벤 다이어그램은 아주 많이 있답니다. 그리고 이러한 벤 다이어그램들에는 앞에서 말했듯이 대부분 이들이 작도된 도시의 이름이 붙어 있는 경우가 많습니다.

1996년에 러스키Frank Ruskey와 초우Stirling Chow 두 사람은 5중 회전대칭 벤 다이어그램을 연구하던 중에 목걸이 모양을 닮은 다이어그램네크리스, A necklace diagram을 발견했는데, 이 네크리스 다이어그램은 7중 회전대칭 벤 다이어그램, 그리고 놀랍게도 11중 회전대칭 벤 다이어그램을 그릴 수 있는 단서를 제공하게 되었습니다.

그리고 최근에 피터 햄버거Peter Hamburger에 의해 11중 회전대칭 벤 다이어그램이 작도되었죠.

놀라운 일이에요. 여러분, 생각해 보세요, 집합의 개수가 11개인 벤 다이어그램은 분할 영역의 수가 도대체 몇 개인가요?

보세요. 2^{11}=2048개나 된답니다. 2,048개의 분할 영역이 한 원 원주의 안과 밖에 버섯의 포자처럼 그려져 있는 다이어그램이랍니다. 어떻게 11중 대칭 이동이 가능한 합동인 1개의 도형을 찾아내었는지 다만 놀라울 따름입니다.

그리고 아직까지 집합의 개수가 13개 이상인 경우에 대한 대칭형 벤 다이어그램은 발견되지 않았습니다. 아마 여러분들의 모험심에 가득 찬 도전을 기다리고 있는지도 모를 일이죠.

어디 재진 군이 나중에 훌륭한 수학자가 되면 한번 도전해 봐요. 선생님이 기대하고 있겠어요.

"음……."

지금까지 우리는 대칭형 벤 다이어그램에 대해 공부를 했습니다. 그런데 뭐 좀 특이한 내용이 없었나요? 무슨 특징적인 조건

이라든가 빠뜨린 내용이라든가……

"네, 선생님! 왜 집합의 수가 2개, 4개, 6개, 8개 이런 식으로 짝수인 경우의 대칭형 벤 다이어그램에 대해서는 말씀을 하지 않으시는 거예요?"

우와! 우리 홍기 군이 모처럼 좋은 지적을 해 주었군요. 그래요, 짝수인 경우에 대한 얘기가 없었군요.

좋습니다. 그 이유를 한번 알아볼까요? 자, 집합의 개수가 2개인 경우는 당연히 회전대칭형 벤 다이어그램을 그릴 수 있습니다. 집합을 나타내는 한 원의 내부에 원의 중심이 아닌 한 점을 잡고, 이 점을 중심으로 원을 180° 회전시키면 벤 다이어그램을 그릴 수 있죠? 그래서 짝수 2인 경우에 대한 대칭형 벤 다이어그램은 당연히 그릴 수 있는 것이지만, 그 이외의 짝수인 경우에 대한 대칭형 벤 다이어그램은 그렇지가 않답니다.

결론을 말하자면 대칭형 벤 다이어그램이 성립하기 위해서는 두 가지의 조건이 필요하답니다.

첫째, 합동인 단일폐곡선을 이용해야 한다.
둘째, 전체집합의 개수가 소수인 경우라야 한다.

자, 첫째 조건은 당연한 내용이죠? 그러면 둘째 조건이 성립해야 하는 이유가 무엇일까요?

아, 소수가 뭐냐고요? 그래, 아직 소수에 대해 잘 모르는 학생들이 있었군요. 미안합니다. 그럼 소수에 대해 간단히 알아본 후에 이야기를 계속하기로 하죠.

소수란 1과 그 자신 이외에 약수를 가지지 않는 수를 말합니다. 말하자면 소수를 나눌 수 있는 나눗수가 1 이외에는 없는 수를 말하는 것이지요. 예를 들자면 2, 3, 5, 7, 11, 13, 17 등의 수가 소수입니다. 소수의 개수에 대해서는 아직 알려지지 않아서 얼마나 많은지 알 수 없지만, 여기에서는 소수에 대한 이해를 중심으로 간단히 얘기를 하도록 하겠습니다.

소수를 찾기 위한 간단한 방법 중에 지구 둘레의 길이를 처음 잰 것으로 유명한 그리스의 수학자이자 지리학자인 에라토스테네스가 사용했던 '에라토스테네스의 체'가 있죠. 이것을 사용하여 1부터 50까지의 자연수 중에서 소수를 찾아봅시다.

1은 제외합니다.

2를 선택하고 나머지 2의 배수를 지웁니다.

3을 선택하고 나머지 3의 배수를 지웁니다.

5를 선택하고 나머지 5의 배수를 지웁니다.

7을 선택하고 나머지 7의 배수를 지웁니다.

1	2	3	4	5	6	7	8	9	10
11	12	13	14	15	16	17	18	19	20
21	22	23	24	25	26	27	28	29	30
31	32	33	34	35	36	37	38	39	40
41	42	43	44	45	46	47	48	49	50

이러한 방식으로 계속하여 '에라토스테네스의 체'에 걸러지지 않고 남은 2, 3, 5, 7, 11, 13, 17, 19, 23, 29, 31, 37, 41, 43, 47 이 1부터 50까지의 사이에 있는 소수가 되는 것입니다. 소수가 어떤 수인가를 대강이나마 알았나요?

그럼, 이제부터 전체집합의 개수가 소수인 경우에만 대칭형 벤 다이어그램을 그릴 수 있는 까닭을 알아봅시다. 집합의 개수를 n

이라 했을 때 대칭형 벤 다이어그램을 n개의 영역으로 균등하게 분할한다고 생각해 봅시다. $\frac{1}{n}$로 분할된 각각의 조각을 파이 조각pie slice이라 부르기로 합니다.

각각의 파이 조각에는 벤 다이어그램의 외부 영역과 모든 집합의 교집합 영역인 내부는 포함되지 않습니다. 이렇게 했을 때 각 원소들이 속할 수 있는 분할 영역은 n개의 파이 조각에 균등하게

분포되어야만 하며 따라서 다음의 조건을 만족해야만 합니다.

$$\frac{{}_nC_k}{n} = \frac{\dfrac{n!}{k!(n-k)!}}{n} = \text{정수} \quad k=1, 2, 3, \cdots, n-1$$

k의 값에서 0과 n이 빠진 이유는 벤 다이어그램의 외부 영역과 전체 교집합인 내부 영역을 제외하기 때문에 그렇습니다.

$$n=\text{소수인 경우에는,} \quad \frac{{}_nC_k}{n} = \frac{\dfrac{n!}{k!(n-k)!}}{n} = \text{정수}$$

가 성립하지만 그렇지 않은 경우에는

$$\frac{{}_nC_k}{n} = \frac{\dfrac{n!}{k!(n-k)!}}{n} \neq \text{정수}$$

가 되어 버립니다.

정수인 경우에는 n개의 영역으로 균등하게 분할할 수 있지만 정수가 아닌 경우에는 균등하게 분할할 수 없게 되어 버리죠.

예를 들어 보겠습니다.

$n=3$인 경우,

$$_3C_1 = \frac{\dfrac{3!}{1!(3-1)!}}{3} = \frac{3}{3} = 1 = 정수$$

$$_3C_2 = \frac{\dfrac{3!}{2!(3-2)!}}{3} = \frac{3}{3} = 1 = 정수$$

가 됩니다.

$n=5$인 경우,

$$_5C_1 = \frac{\dfrac{5!}{1!(5-1)!}}{5} = \frac{5}{5} = 1 = 정수$$

$$_5C_2 = \frac{\dfrac{5!}{2!(5-2)!}}{5} = \frac{10}{5} = 2 = 정수$$

$$_5C_3 = \frac{\dfrac{5!}{3!(5-3)!}}{5} = \frac{10}{5} = 2 = 정수$$

$$_5C_4 = \frac{\dfrac{5!}{4!(5-4)!}}{5} = \frac{5}{5} = 1 = 정수$$

가 되어서 n개의 파이 조각에 균등하게 분포될 수 있습니다. 그

러나 집합의 개수가 짝수인 경우 예를 들어 $n=4$인 경우는,

$$\frac{{}_4C_2}{4} = \frac{\frac{4!}{2!(4-2)!}}{4} = \frac{6}{4} = \frac{3}{2} \neq \text{정수}$$

가 되어서 2개의 집합에 공통으로 속하는 원소들의 분할 영역이 n개의 파이 조각에 균등하게 분포될 수가 없게 됩니다.

$n=6$인 경우에도,

$$\frac{{}_6C_2}{6} = \frac{\frac{6!}{2!(6-2)!}}{6} = \frac{\frac{6 \times 5 \times 4!}{2! \times 4!}}{6} = \frac{15}{6} = \frac{5}{2} \neq \text{정수}$$

가 되어서 $n=4$인 경우와 마찬가지로 n개의 파이 조각에 균등하게 분포될 수 없게 되어 버립니다.

이러한 결과는 모든 소수에 대해 일일이 증명해 보지 않아도 다음의 결과에서 알 수 있듯이 명백한 조건이 되는 것이지요.

$$\frac{{}_nC_k}{n} = \frac{\frac{n!}{k!(n-k)!}}{n} = \frac{\alpha \times n}{n} = \alpha = \text{정수}$$

이러한 이유 때문에 전체집합의 개수가 소수인 경우 이외에 약수를 가지는 수나 짝수인 경우는 대칭형 벤 다이어그램을 그릴 수가 없는 것이랍니다.

오늘은 선생님이 좀 딱딱한 얘기들을 많이 한 것 같아요. 복잡한 식들을 많이 사용했지요? 그러나 본질적인 내용은 그렇게 많지 않아요. 그냥 계산을 하느라고 좀 장황해진 것뿐이랍니다.

7중 회전대칭 벤 다이어그램에는 유명한 것들이 많이 있습니다. 아델라이드Adelaide, 해밀턴Hamilton, 매시Massey, 빅토리아 Victoria, 팔머스톤 노스Palmerston North, 마나와투Manawatu 등등.
지금 이 시간에도 새롭고 아름다운 벤 다이어그램을 찾아내려는 수학자들의 노력이 계속되고 있답니다.

자, 오늘 마지막으로 집합의 개수가 11개인 경우 대칭형 벤 다이어그램의 1개 분할 영역의 모습과 전체 모습을 스크린에 띄우겠습니다. 이 벤 다이어그램을 보고 여러분 각자의 느낌이 서로 다르겠지만 서로 공통인 느낌을 갖는 부분이 틀림없이 있을 것이라고 생각합니다.

모두들 공부하느라고 늦게까지 수고했습니다. 안녕~!

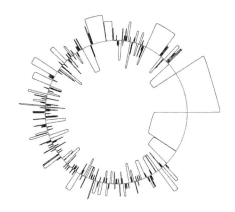

[그림 61] n=11 대칭형 벤 다이어그램의 1개 분할 영역

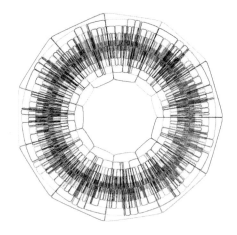

[그림 62] n=11 대칭형 벤 다이어그램의 전체 모습

여섯번째
수업 정리

❶ 벤 다이어그램을 작도하기 위해서는 집합의 개수가 늘어남에 따라 추가되는 단일폐곡선이 기존의 모든 분할 영역들을 이등분할 수 있도록 그려져야만 합니다.

❷ n중 회전대칭 벤 다이어그램의 1회 회전 각도는 $\dfrac{360°}{n}$이며, n은 집합의 개수를 나타냅니다.

❸ 에드워드, 제러미 캐럴, 윙클러의 다이어그램, 그리고 합동인 타원을 이용한 뛰어난 균형미를 갖춘 아름다운 다이어그램 등 여러 가지 다이어그램이 작도되었음을 알 수 있습니다.

벤 다이어그램의
일반적인 작도법을
배워 봅시다

작도 원칙에 맞게 회전대칭 벤 다이어그램을
직접 작도해 봅니다.

일곱 번째 학습 목표

1. 회전대칭 벤 다이어그램을 작도하기 위한 기본 네크리스 다이어그램에 대해 알 수 있습니다.
2. 일반적인 벤 다이어그램을 작도 원칙에 맞게 작도할 수 있습니다.

미리 알면 좋아요

1. 이진 코드 표 만들기 집합의 개수를 이진수의 자릿수로 잡고 공통인 원소가 있는 교집합인 경우를 1, 공통인 원소가 없는 경우를 0으로 하여 만든 코드 표입니다.

2. 집합의 개수가 5개인 경우의 벤 다이어그램 작도법 네 번째로 추가된 단일폐곡선의 경계선을 따라 그리고, 분할 영역의 개수가 $2^5=32$가 됨을 확인합니다.

존 벤의
일곱 번째 수업

자, 여러분! 모두들 점심 식사를 맛있게 했나요?

식사 시간에는 각종 음식물을 골고루 먹어야 하는데, 특히 야
채를 충분히 섭취하고 즐거운 마음으로 식사에 임하는 것이 신
진대사를 촉진시키고 신체 기능을 활성화하는 최고의 비결이랍
니다.

오늘은 벤 다이어그램 이야기를 마무리하는 시간을 갖도록 하
겠습니다. 먼저 지난 시간에 공부했던 대칭형 벤 다이어그램의

일반적인 작도 방법을 알아보고 모든 경우에 적용할 수 있는 일반적인 벤 다이어그램의 작도법에 대해 공부해 보도록 하죠.

지난 시간에 러스키Frank Ruskey와 초우Stirling Chow 두 사람이 1996년에 회전대칭 벤 다이어그램 작도의 기본이 되는 네크리스목걸이 다이어그램을 발견했다는 것을 배웠습니다.

이 네크리스 다이어그램의 원리를 기반으로 하여 5중 회전대칭 벤 다이어그램에 이어 7중, 11중 회전대칭 벤 다이어그램이 작도될 수 있었죠.

자, 그러면 7중 회전대칭 벤 다이어그램의 기본이 되는 하나의 네크리스를 함께 만들어 볼까요?

먼저 집합의 개수가 7개인 경우에 있어서 대칭의 기본이 되는 하나의 파이 조각에 반드시 존재해야만 하는 분할 영역의 수는 다음과 같습니다.

$$\frac{2^7 - 2}{7} = \frac{126}{7} = 18$$

분자의 2^7에서 2를 빼는 이유는 어느 집합에도 속하지 않는 원소들의 영역과 모든 집합의 교집합 영역, 즉 벤 다이어그램의 외부와 내부를 제외하기 때문입니다.

이제 하나의 네크리스를 만들어 봅시다. [그림 63]을 보세요.

각각의 집합에 1부터 7까지 번호를 부여하기로 하겠습니다. 여기서는 1번 집합을 나타내는 단일폐곡선을 기준으로 하겠어요. 따라서 당연히 네크리스 다이어그램의 모든 분할 영역에는 번호 1번이 붙어 있게 되겠죠?

번호가 붙어 있는 영역은 그 번호에 해당하는 집합의 원소가 있는 영역이라는 뜻이 됩니다.

[그림 63]의 위와 아래에 있는 2개의 작은 원에 0000000, 1234567의 번호가 붙어 있습니다. 이것은 어느 집합에도 속하지 않는 원소들의 영역과 7개의 집합 모두에 속해 있는 교집합 원소들의 영역을 나타내고 있으며, 이 두 영역을 제외하고 18개의 영역을 사용하여 대칭의 기본이 되는 하나의 파이 조각을 만들어 나가는 것입니다.

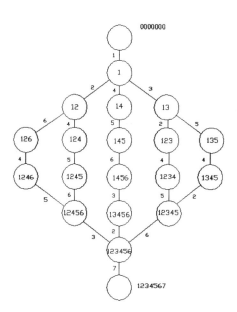

[그림 63] 1번 네크리스

[그림 64]를 보세요. 이것은 하나의 파이 조각에 반드시 있어야만 하는 분할 영역 18개를 나타내고 있는 그림이며 인접한 2, 3, 4번 단일폐곡선을 포함시키는 방법으로 교집합 원소들의 영역을 나타내고 있습니다.

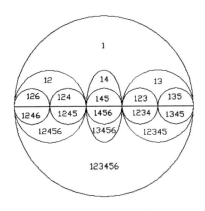

[그림 64] 완성된 1번 파이 조각

우리는 이러한 파이 조각 7개를 완성할 수 있습니다. 7개의 파이 조각을 완성하기 위한 네크리스 다이어그램을 부록에 실어 놓았으니 참고하세요. 이러한 네크리스 다이어그램을 만든다는 것은 쉬운 일이 아니에요.

그러나 원리를 이해하고 있다면 여러분들이 직접 만들어 볼 수 있는 다이어그램입니다. 하지만 인내심이 필요하죠.

파이 조각만을 완성했다고 해서 벤 다이어그램이 그려지는 것은 아닙니다. 대칭의 기본이 되는 하나의 완성된 단일폐곡선을 완성하기 위해서는 각각의 단일폐곡선에 산재해 있는 교집합 원소들의 영역을 찾는 기술이 필요합니다.

기준이 되는 1번 단일폐곡선을 제외한 6개 단일폐곡선의 원소들이 1번 단일폐곡선의 내부에 차지하는 영역들의 개수는 다음과 같습니다.

$$2^6 = 64개$$

2^6이 되는 이유는 1번 단일폐곡선은 어느 영역이나 당연히 포함되기 때문에 분할 영역의 수에 영향을 주지 않기 때문입니다. 자, 어떻게 64개의 교집합 영역들을 찾을 수 있을까요?

우리는 이진수를 이용한 코드 표를 이용할 수 있습니다. 이 코드 표에서 이진 코드난의 여섯 자리 이진수는 각각 1번 집합을 제외한 하나씩의 집합에 대응하는 자릿수가 되도록 대응시켜 놓은 것입니다.

자, 다음 [표 8]을 보세요. 이렇게 완성된 코드를 이용하여 해당하는 분할 영역들을 각각의 파이 조각에서 찾아 연결하면 [그림 65]와 같은 대칭의 기준이 되는 하나의 단일폐곡선을 완성할 수 있답니다.

이진 code	영 역	이진 code	영 역	이진 code	영 역
000000	1000000	011000	1000560	110000	1000067
000001	1200000	011001	1200560	110001	1200067
000010	1030000	011010	1030560	110010	1030067
000011	1230000	011011	1230560	110011	1230067
000100	1004000	011100	1004560	110100	1004067
000101	1204000	011101	1204560	110101	1204067
000110	1034000	011110	1034560	110110	1034067
000111	1234000	011111	1234560	110111	1234067
001000	1000500	100000	1000007	111000	1000567
001001	1200500	100001	1200007	111001	1200567
001010	1030500	100010	1030007	111010	1030567
001011	1230500	100011	1230007	111011	1230567
001100	1004500	100100	1004007	111100	1004567
001101	1204500	100101	1204007	111101	1204567
001110	1034500	100110	1034007	111110	1034567
001111	1234500	100111	1234007	111111	1234567
010000	1000060	101000	1000507		
010001	1200060	101001	1200507		
010010	1030060	101010	1030507		
010011	1230060	101011	1230507		
010100	1004060	101100	1004507		
010101	1204060	101101	1204507		
010110	1034060	101110	1034507		
010111	1234060	101111	1234507		

[표 8] 대칭의 기준이 되는 1번 단일폐곡선의 분할 영역 표

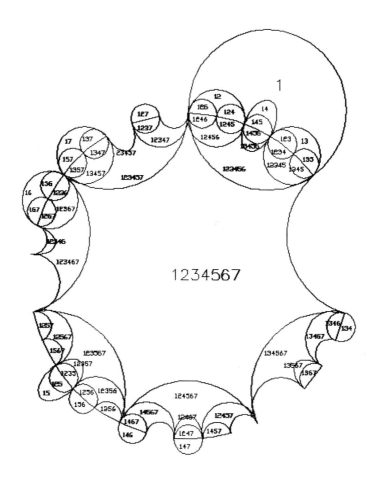

[그림 65] 대칭의 기준이 되는 1번 단일폐곡선

만들기 어렵게 느껴지죠? 그럴 수밖에 없을 거예요. 교집합들

의 영역을 이진수를 이용하여 각각의 영역에 대응시키고 일일이

존 벤이 들려주는 벤 다이어그램 이야기

7개의 네크리스를 만들어 가는 이러한 작업은 시간이 많이 필요하고, 또 우리들이 학교에서 배우는 수학의 영역을 많이 벗어나 있으며, 현실적으로 이런 공부의 필요성을 느끼지 못하기 때문에 어렵게 느껴지는 것이죠.

하지만 이러한 과정을 이해하려는 노력을 기울이다 보면 자신도 모르는 사이에 생각하는 힘이 쑥쑥 자라는 것을 분명히 느낄수 있을 것이라고 나는 생각합니다.

만들어진 1번 기준 단일폐곡선을 7번 회전대칭 이동시키면 [그림 66]과 같은 완성된 7중 회전대칭 벤 다이어그램을 얻을 수 있습니다.

점으로 음영이 들어간 부분은 기준이 되는 1번 단일폐곡선이며 각각의 영역에 색깔을 어떻게 칠하느냐에 따라 아주 멋있는 시각적 효과를 줄 수 있는 아름다운 벤 다이어그램을 만들 수 있답니다.

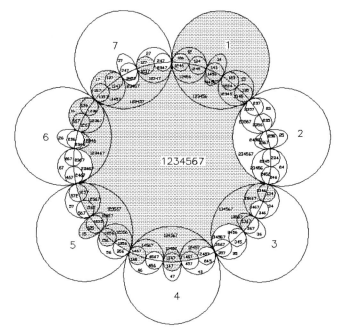

[그림 66] 7중 회전대칭 벤 다이어그램

이제 벤 다이어그램을 일반적으로 작도할 수 있는 방법을 다시
한 번 정리해 보고 마지막으로 선생님과 함께 벤 다이어그램을
작도해 보도록 하겠습니다.

벤 다이어그램의 작도 조건

첫째, 각각의 집합을 나타내는 n개의 단일폐곡선은 서로 교차

하면서 전체집합의 한 원소가 속할 수 있는 모든 경우의 영역을 모두 나타낼 수 있어야 한다.

둘째, 벤 다이어그램이 완성된 상태에서 각 영역은 유일해야 한다.

셋째, 완성된 벤 다이어그램은 다음과 같은 수의 분할 영역을 가져야 한다.

$$\sum_{k=0}^{n} {}_nC_k = \sum_{k=0}^{n} \frac{n!}{k!(n-k)!} = 2^n$$

이 식에서 $\sum$ 표시는 각각의 경우에 대한 계산 결과를 모두 합하라는 기호이며, k의 값이 0에서부터 n까지 변하는 각 경우에 대한 모든 계산 결과의 합이라는 뜻입니다.

넷째, 대칭형 벤 다이어그램이 성립하기 위해서는 집합을 나타내는 단일폐곡선의 형태가 합동이어야 하며 집합의 개수가 소수인 경우라야 한다.

벤 다이어그램의 작도 원리 알고리즘

n개의 단일폐곡선으로 이루어진 모든 벤 다이어그램은 기존

존 벤이 들려주는 벤 다이어그램 이야기

의 각 분할 영역을 이등분하는 적절한 단일폐곡선을 첨가함으로써 $n+1$개의 단일폐곡선으로 이루어진 벤 다이어그램으로 확장할 수 있다.

뭐 그렇게 까다로워 보이지 않는 작도 원리입니다. 그러나 집합의 수가 늘어남에 따라 점점 작도하기가 어려워지죠. 컴퓨터를 이용하여 보다 세밀하게 작도할 수 있으나 알고리즘을 바탕으로 한 프로그램에 의한 벤 다이어그램 작도 방법은 아직 개발되지 않았습니다.

다음의 그림은 벤 다이어그램의 작도법에 따라 컴퓨터 작업을 통해 그려진 벤 다이어그램입니다. 집합의 개수가 8개인 경우의 일반적인 벤 다이어그램이죠. 모두 다 함께 그려 보도록 하세요.

[그림 67] 집합 1

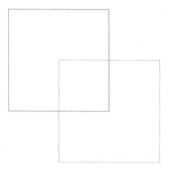

[그림 68] 집합 1, 2

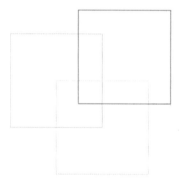

[그림 69] 집합 1, 2, 3

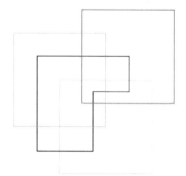

[그림 70] 집합 1, 2, 3, 4

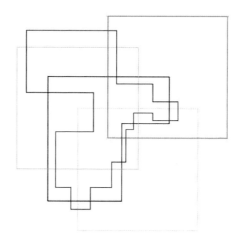

[그림 71] 집합 1, 2, 3, 4, 5

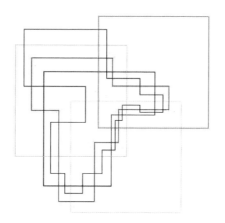

[그림 72] 집합 1, 2, 3, 4, 5, 6

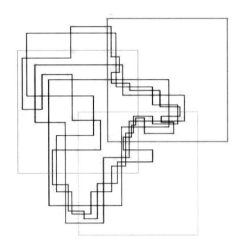

[그림 73] 집합 1, 2, 3, 4, 5, 6, 7

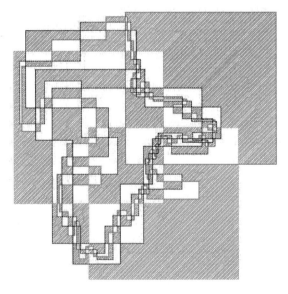

[그림 74] 집합 1, 2, 3, 4, 5, 6, 7, 8

자, 여러분! 지금까지 선생님과 함께 벤 다이어그램에 대해 배워 보았습니다. 벤 다이어그램에 대한 이야기 시간이 모두 끝났어요. 어땠나요?

"선생님, 수학 시간에는 벤 다이어그램의 원리나 작도 방법 등에 대해서 전혀 배운 적이 없었는데, 이번에 선생님과 함께 공부하면서 새로운 것들을 많이 알게 됐어요. 감사합니다."

"선생님, 수학을 이용하여 이렇게 아름다운 기하학적 문양을 만들어 낼 수 있다는 것이 아주 신기했어요!"

"선생님, 저는 수학에 별로 흥미가 없었는데 선생님과 함께 그림을 그리는 수업을 하니 무척 재미있다는 생각이 드는 것 같아요."

그래요, 여러분들이 평소에 무심코 보아 넘길 수 있는 평범한 벤 다이어그램 속에도 이렇게 풍부하고 재미있는 원리가 감추어져 있는 것이에요. 아무쪼록 수학 공부에 재미를 많이 느끼고 즐겁게 공부해서 훌륭한 업적을 많이 남기는 사람들이 되어 주기를 부탁하면서 벤 다이어그램 이야기를 마치겠습니다.

여러분, 모두들 지금까지 수고했어요. 감사합니다. 안녕~!

일곱번째
수업 정리

❶ n중 회전대칭 벤 다이어그램의 기본 파이 조각에 반드시 존재해야만 하는 분할 영역의 수는 $\dfrac{2^n-2}{n}$ 입니다.

❷ 각각의 네크리스 다이어그램을 만들기 위해 이진 코드 표를 이용할 수 있습니다.

❸ [그림 74]를 따라 그려 봄으로써 일반적인 벤 다이어그램의 작도법을 익힐 수 있습니다.

7중 회전대칭
벤 다이어그램을 위한
네크리스 다이어그램

7개의 네크리스 다이어그램을 소개합니다.

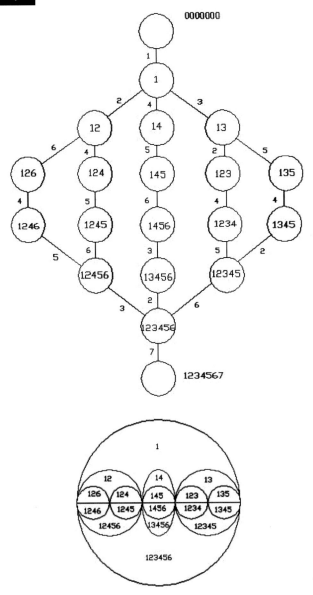

2번 네크리스

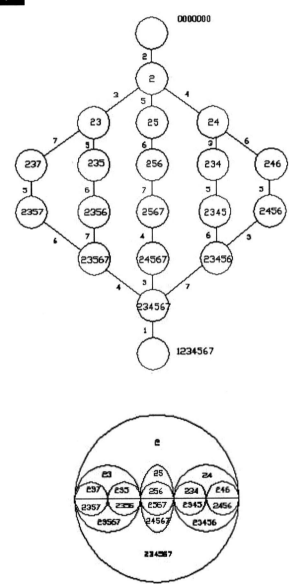

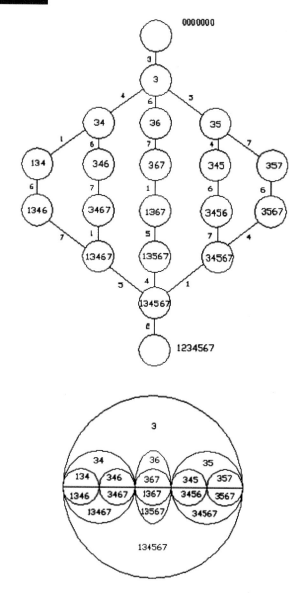

0000000

3

3

4　6　3

34　36　35

1　6　7　4　7

134　346　367　345　357

6　7　1　6　6

1346　3467　1367　3456　3567

7　1　5　7　4

13467　13567　34567

5　4　1

134567

2

1234567

3

34　36　35

134　346　367　345　357

1346　3467　1367　3456　3567

13467　13567　34567

134567

4번 네크리스

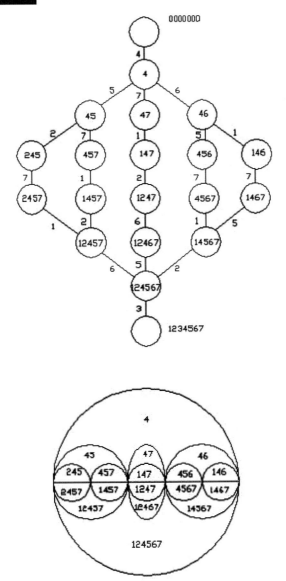

5번 네크리스

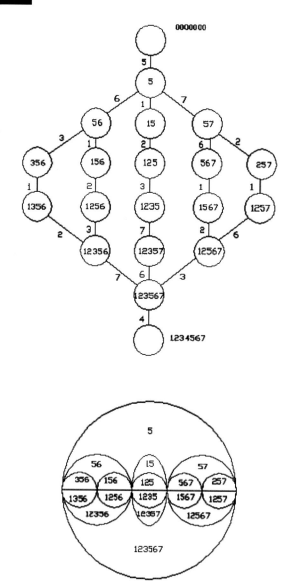

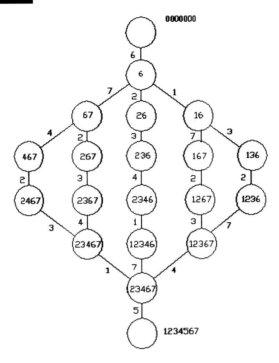

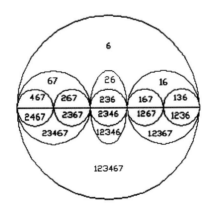

7번 네크리스

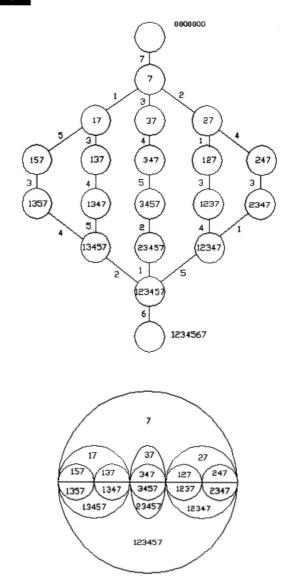

0000000

7

7

1   3   2

17   37   27

5   3   4   1   4

157   137   347   127   247

3   4   5   3   3

1357   1347   3457   1237   2347

5   2   4   1

13457   23457   12347

4   2   1   5

123457

6

1234567